礼物

[希腊]
斯特凡诺斯·克塞纳基斯 著

张翎 译

疗愈岛

慢下来,找回心的自由

目　录

前　言 …………………………… 1

01　兔子莉莉 …………………… 5

02　孝敬父母 …………………… 9

03　微笑的领悟 ………………… 12

04　你的土地 …………………… 15

05　一改故辙 …………………… 18

06　来颗口香糖吗 ……………… 21

07　目标即人生 ………………… 25

08　超级大反派 ………………… 28

09　寻根之旅 …………………… 31

10　阳光总在风雨后 …………… 35

11　幽默感 ……………………… 39

12　人见人爱是不可能的 ……… 42

13　水渠 ………………………… 45

14	一瓶水多少钱?	48
15	少即是多	51
16	报警灯	53
17	管得宽	56
18	看见美好	60
19	维利亚小镇一日游	63
20	不破不立	66
21	请排克斯塔斯这一队	69
22	一切都会过去	72
23	别当蜜蜂人	75
24	乞丐的故事	78
25	为什么?	81
26	天堂路 70 号	84
27	关掉电视	88
28	你是谁?	91
29	记录奇迹	94
30	周末游圣山	97
31	玉米穗	101
32	瑜伽教练	104

33	50 欧元的价值	107
34	说好话	109
35	正视金钱	112
36	礼物	115
37	人生之旅	118
38	塑料瓶	121
39	祝您一周都有好心情!	124
40	人生有规律可言吗	127
41	五块钱	137
42	磨刀不误砍柴工	139
43	自命不凡夫人	142
44	冲厕所	144
45	生日	147
46	上帝之手	150
47	谋定而后动	152
48	超人父亲	154
49	愿上帝与你同在	157
50	餐馆	160
51	乌龙球	163

52	生活的艺术	166
53	小小的乌云	173
54	艾玛	176
55	人生方程式	179
56	成功的秘诀	182
57	幸福	185
58	我的勇气之举	187
59	我爱你	190
60	好得吓人！	193
61	西格拉斯和奥莎拉	195
62	意大利面食谱	198
63	随便	201
64	亲爱的祖国	204
65	接球	208
66	气泡水	211
67	一心不可二用	214
68	约安尼迪斯先生	217
69	照顾好自己	220
70	倚老卖老	223

71	开一扇门	227
72	小偷	230
73	安全员	232
74	鼓手	234
75	自言自语	236
76	如何成功	239
77	希腊人的慷慨	242
78	粪土	245
79	快乐	247
80	爱	250
81	得高分	253
82	守时	259
83	伟大的人	261
84	蛾子	264
85	装修队	267
86	永不放弃	271
87	天道酬勤	274
88	分享	277
89	心无旁骛	280

90	葬身大海	283
91	海边的清晨	286
92	神奇的眼镜	290
93	两个自己	293
94	一通电话	296
95	慢慢来	299
96	全力以赴	302
97	犯错	305
98	只有爱	308

前　言

那是五年级的事，但我至今记忆犹新。当时，我在课本上读到一句话："虽然大多数人都看到了这个世界，却没几个人观察到身边的细节。"我看了之后似懂非懂。

随着年纪越来越大，我才慢慢领悟到其中的真谛。我学着去观察：不光用双眼去看，还用心去感受。我观察到许多细节：一次日落、一个笑容、一次点头。在大部分人眼中，这些细节或许不值一提，我却在四处寻找这些"美"的踪迹，甚至会从"丑"中寻找"美"。

久而久之，我开始与人们分享这些"美"。我学会了打破人与人之间的隔阂。结果，我发现人们最终是可以和谐相处的。我意识到，我此生的意义就在于此。

我学会了把握机会，直面恐惧，质疑信仰，

走出舒适圈。学会了逃脱平淡生活的牢笼，找到岁岁年年、分分秒秒的自由。

我懂得了如何昂首挺胸，面带笑容，坦诚待人，乐于助人，三思而行，以梦为马，不负光阴；明白了天下没有免费的午餐，必须自食其力，日复一日，年复一年。

我最爱的叔叔经常念叨，饭吃在嘴里才能尝着味儿，咽下去就没有味儿了。正因如此，我们吃饭才更应该细嚼慢咽，假如一口吞下，就错过了它的滋味。人生也是一样，就像品尝母亲最拿手的一道家常菜，我学会了仔细品味生活中的每一处细节。

我想讲一个故事，它深深触动了我。一天，一个农夫正在锄地。突然，他锄到了一个硬物，把锄头给撅断了。农夫气得要命，弯下腰，想看看那东西究竟是什么。结果，他发现了一个盒子，打开一看，里面全都是金银财宝。和农夫一样，我也必须打开人生的每一个盒子，凭我的经验，有的盒子虽然外表难看，里面装的却是最好的礼物。我明白了，生活本身就是礼物。

终于，我接受了自己闯过的所有祸和犯过的

所有错。我开始尊重它们，拥抱它们，与它们和解，也学会了爱自己。于我而言，这实在太重要了。我不再刻意避免犯错，而是允许自己犯更多的错。正因如此，我反倒不经常犯错了。

10年前，我开始用笔记本记录这些改变，以及我想要感激的事情。一开始，我根本找不到值得写的事，但很快，我就记到停不下来。我的眼中充满了奇迹！我庆幸自己能说话，能走路；庆幸在辛苦工作一天后，还有一张温暖的大床等待着我。我对生活的看法彻底改变了，现在，我发现生活的美好无处不在。我意识到，生活根本不缺美好，缺的是发现美好的眼睛。我观察世界的角度，决定我能否发现身边的美好。

从那以后，我总是随身携带一个笔记本。这样，无论我在上班、坐火车，还是在家里，都能随时随地记录生活。上面每一行都是宝贵的文字，每一页都是美妙的奇迹。而今，在我书架上，这样的笔记本已经多得数不清了。

就这样，美好与我不期而遇。有一天，我不再为自己记录，而开始为身边的人记录。我希望与周围的人分享这些美妙的经历，让更多的人知道。

这本书中记录的点滴,全部来自你我的生活。
每个小故事都充满了爱。

我想借由这本书与你们分享身边的美好。
哪怕只有一个人被感动,我也觉得很值得。
这趟旅程,我无怨无悔!

斯特凡诺斯·克塞纳基斯

01
兔子莉莉

清晨7点,电话铃突然响了,吓了我一大跳。这太不正常了。按理说,我才是会主动给宝贝女儿们打电话道早安的那个人。

电话那头,传来了大女儿阿芙拉的哭声:"爸爸,莉莉死了。今天早上,我发现她在笼子里死了。"莉莉是她养的宠物兔子。

阿芙拉哭得很伤心。

我沉默了半晌,而后轻声问她:"宝贝,你养莉莉多少年了?"

"没有很久,大概五六年吧。"

"一只兔子的寿命大概只有这么长。"

阿芙拉哭得更伤心了。

"宝贝,打我们出生那天起,只有一件事情是确定的,那就是,我们都会死。"

一切开始，都必然走向结束。
一切结束，都只为新的开始。

"莉莉活到了 6 岁，相当于人活到了 100 岁。她生过宝宝，生活幸福；既爱过，也被爱过。她的一生，要比很多人都精彩。"

阿芙拉渐渐止住了哭声。

"孩子，有一天，我们都将离开这个世界。莉莉可是比百岁老人都活得久呢。你以为她能活多长啊？两三百年吗？"

她终于破涕为笑了。

孩子们从小就应该了解生命的真相，大人无须过多铺垫。下午，我先去拿了父亲的铲子，带上笼子里的莉莉，然后再去接孩子们放学。

"宝贝们，你们愿意和我一起把莉莉埋了吗？"

小女儿听完很兴奋。阿芙拉迟疑了一两秒，最后也点了头。我们来到附近的一座小山。在雅典，我们最喜欢这座山了。这里特别适合欣赏日落，看大海被夕阳染成金色。

我们找了个石子不多的地方，挖了一个坑。我把莉莉从笼子里捧出来，用布裹好。她看上去像个小小的新娘，躺在我的胳膊上。即将下葬时，阿芙拉拦住了我，从我这儿把莉莉抢了过去，像母亲怀抱婴儿那样，将莉莉拥在怀中，仔细地剥掉她身上的布，又凑近亲了她一口，然后，才将她轻轻放入挖好的坑里，还在旁边添了几片莴苣叶，生怕她会饿着。

"安息吧，我的莉莉。"阿芙拉轻声说着，在她的身旁撒满粉色小花。埋好莉莉，我们特地放了两块大石头作为记号，以免日后忘记了她的安息之所。

离开小山后，我们一起去了冰激凌店。

"孩子们，今天发生的事只是生活的一部分。万事万物，其实都是一个整体。只有人才会把它们分成'好事'和'坏事'。晴天和雨天是一体的，生和死、爱和恐惧、高山和大海、平静和风暴，都是一体的。晴天结束了，雨天开始了；夏天结束了，冬天开始了；好日子结束了，苦日子开始了。过去，我只喜欢好事。而现在，不论好坏，我都喜欢。"希望这一番安慰之后，她们心里能好过些。

我原本不指望她俩说什么,而小女儿让我哭笑不得的发问,却是最好的回应:

"爸爸,你到底是喜欢,还是不喜欢呀?"

02
孝敬父母

我有个朋友，住在希腊北部的塞萨洛尼基（Thessaloniki）。他是个一米八几的大高个儿。每次他来雅典，我们都会找个地方一起吃饭，再喝上几杯。酒后才好吐真言嘛。

记得有一次，我们正开着玩笑，他不知怎的，忽然想起了自己的父亲，潸然泪下。起初，他只是抽泣，后来越哭越伤心，怎么都止不住。我不知道他为什么哭，有些手足无措，只好默默陪着他。

"嘿，哥们儿，你怎么了？"终于，我还是先开了口。

"我父亲……几年前去世了，走得很突然。我就是个浑蛋。我从没告诉过他我有多爱他。直到他走了，我才明白，他是那么好！"

我陪他坐着，心里也很感伤。

我们常常想当然，把生活中的很多事情不当回事儿，包括我们的父母。结果，在一个阳光明媚的早晨，父母不辞而别，只留下我们和一堆想说却来不及说的话，想做却没有做的事。

如果你的父母依然在世，就赶快动身去看望他们吧。今天就去。

缺了谁，地球都会照样转。

去拥抱父母吧。

别害怕拥抱。

去告诉他们，你有多么爱他们。他们为你付出了这么多。

只有当你自己也为人父母了，才能体会到他们的付出。更何况，他们对你不求任何回报。

他们唯一期盼的，就是你的爱。仅此而已。

而你需要做的，就是把爱说出来。

他们即便犯过错，也是好心犯的错。

原谅他们吧。

他们的父母也犯过错。

你也会犯错，等你有孩子时，就明白了。

有那么一天，你的孩子也会专程来看望你，拥抱你，原谅你。

期待这一天早日到来。

朋友，请用疼爱孩子的方式，好好爱你的父母吧。

因为，假如不是父母给了你生命，你也没有机会成为父母。

03
微笑的领悟

开车时，我习惯于主动让路，给别人行个方便。小小的善举，总是让我心情愉快。一天早晨，我开车经过一家超市，看到一辆小汽车刚好从停车位里开出来。我踩了一脚刹车，停了下来。那司机先是愣了一下，而后才反应过来，明白了我的好意。开车的是一个60来岁的老太太，衣着讲究，留着时髦短发，双手握着方向盘。她朝我微笑示意，然后开上了大路。就在上主路的瞬间，她扭头望向我，再次微笑。这次，我看清了她的脸，那是人世间最美的笑容。末了，她面带谢意，对我轻轻眨了一下眼。就像海浪再次拍打海岸，虽不经意，却那么强烈。她开车走了。在此后的很长时间里，我依然回味着她的笑容。没想到，这种被触动的感觉如此强烈。

大半天过去了。傍晚时分,我将车停在路边,用手机发着消息。我用眼角的余光发现,一辆车停在了我旁边。绿灯亮了,那司机望着我,仿佛想说些什么。我懂了,他想开过去,可是路稍微有点窄。司机微笑着,他的脸长得非常有辨识度。我招手示意他先过。他很惊喜,笑得像个孩子,我的心情也跟着灿烂起来。他心领神会地望着我,就像你正在为随堂测验感到绝望时,同桌悄悄给你递来了写着答案的小抄。那笑容很有感染力。他甚至将手伸出窗外,向我挥手致谢。他把车开到前方,接着将头伸出车窗,向我点了又点,不停道谢,就像测验成绩出来了,我俩都及格了。我很感动,早上和晚上的两张笑脸似乎合二为一,无限变大,大到无法形容。

感恩生活中不期而遇的小欢喜。
就像在沙滩上捡贝壳,每个都是宝贝。

我弯下腰,拾贝壳,一个又一个,放进我心底的秘密宝盒中。年复一年,我拾到了许多。我不在乎它们值多少钱,只在乎自己每天都变得更富有,更开心。

让我变富有的,是它们的真正价值。

04
你的土地

人人都有一块属于自己的土地。上天将它赐给你，让你悉心照料，教你如何耕耘：耕地浇水，施肥翻土，休养生息。总之，你要好好爱护它。

有的人悉数照做，却止步于此。他们以为自己都懂了，就不再花时间去学习更多知识。

有的人不听劝告，只按自己的喜好行事。渐渐地，他们变得狭隘。其实，他们的所作所为，往往与正确方法背道而驰。他们的土地日渐干旱，最终颗粒无收。

有的人决心不断学习。他们坚持读书，不耻下问，听人劝告。他们明白了最重要的事情：学无止境。所以，他们决定终身学习。他们改变了自己的生活，也改变了别人的生活。他们的土地成了人间天堂。

有的人遭遇了不幸，便埋怨自己运气太差，土地的位置不靠海，太过干燥；看到别人丰收了，就说是他们运气好、关系硬。有的人另辟蹊径，主张劫富济贫，却从不关心富人致富的成功秘诀是什么，不向他们取经；有些人看到邻居过得好，就心生嫉妒，巴望邻居的田地彻底旱死。

有的人忍不了寒冬，有的人受不了酷暑，有的人太冷或太热都不行，有的人不知道自己想要什么，有的人连想都懒得去想。他们认为，假如讨厌一月份，那就直接从日历上撕掉它好了。他们还要求别人和他们一样，也撕掉这一页。这样的人热衷于管别人的闲事，对别人的事情格外上心。

一月份是上天赐给我们的，和其他所有月份、季节一样。在该播种时播种，该收获时收获，该浇水时浇水，该耕耘时耕耘。遵循自然规律，种好自己的这块土地。如果你天天盯着邻居家的地，等于忽视了自己的地。如果你专心照料天赐给你的那块土地，竭尽所能种好它，就能获得最好的收成。世界就是这样运行的。不料理庄稼，它们便会枯萎死去。

会种地的农民明白如何等待、如何坚守信念，但首先，他得会播种，这一点至关重要。他辛勤劳作，不断从失败中总结经验，最终学会。失败是宝贵的经验，逃避失败的人，同样也规避了成功。这个过程就好比爬梯子，不进则退。向上爬时，如果你不够坚定自信，就会滑下来。刚开始，你可能会浇太多水，掌握不好播种的最佳时机，忘记修剪枝叶，过度开垦你的土地。这些失败让你感到痛苦，让你自怨自艾。但别害怕失败，日子会一天天好起来的，不要白白浪费一天又一天。

每天都是一份礼物。打开它，别扔掉。

当心寻欢作乐的人生。
它是缓慢而确定的死亡。
接受自己的问题。
它们会帮助你不断进步。
笑对坎坷艰辛吧。
风越狂妄，树越强壮。

05
一改故辙

你不主宰生活,生活就会主宰你。二者只能选择其一。球进了,就不会再回到你脚下。球场上,一队是白天,一队是黑夜。一队抱怨、呻吟、愤怒、无助、沮丧;另一队愉快、共享、自尊、幸福、坚强。当然,只要你活着,不论身在场上的哪支球队中,都会遇到麻烦事儿。麻烦一旦停了,生命也就结束了。有些问题很明显,你一眼就能看清楚。它们就像从廉价健身房里出来的壮汉,浑身散发着汗臭,踉跄着闯入你的生活。而有些问题极具欺骗性。它们赏心悦目,总是伪装成美丽的笑脸,向你抛媚眼。

你未必能决定自己的未来,但肯定能决定自己的习惯。而习惯反过来又可以影响你的未来。如果你希望像成功人士那样有所成就,就应该养成好习惯。

罗宾·夏玛（Robin Sharma）是加拿大作家兼励志演说家，也是对我影响最大的人。他教会我，早起这件事是多么重要。他认为，人应该清晨 5 点起床。此时别人还在沉睡，而你的能量已处于峰值。就从一改故辙开始你的一天吧。在美梦和目标的陪伴下醒来，开始你的晨练。在生活的陪伴下醒来，把自己当成全世界最重要的人，做好每天的规划，因为对你而言，最重要的人非你莫属。

通过早起，你释放了一个最重要的讯号——给自己的讯号。当你做到了每天早起，其实是在宣布，你在主宰自己的生活。这个讯号非常强烈，另一个你也能听到。那个你是个只想躺着的懒虫，成天无所事事，最爱偷懒，时而点头赞成"你该再多睡一会儿"，时而反问你"大冷天干吗早起？"。那个你告诉你停下逐梦的脚步，先对付生活苟且，那个你成天守着壁炉打盹儿，就像一只蜷缩着的懒猫。你在球场的这一边，另一个你就在对面。摆脱对面的那个自己，别在梦想还没生根时就放弃，别在生活还没开花时就躺平。这无异于一种慢性自杀。别让自己受其干扰。

醒一醒,选择你要加入的球队吧。

早起的闹钟就是比赛开始的哨音。

大声地吹响它,让全宇宙都听到你的声音。

06
来颗口香糖吗

每年我都会去一两趟我律师的办公室，在那里，我时常能碰到一些有趣的人。

这天，我照例准时到达。玛吉斯正忙得不可开交，我只好在外面等他，就像在牙医门外候诊似的。这时，一个人走了进来，在我对面坐下。我没有特别留意他，只用余光瞥了一眼。他留着山羊胡，面带微笑，看起来很友善。

秘书走过来，问我们要不要喝水。我答道："谢谢，不用。"他却说："好的。"他的回答让我有些后悔，刚才为什么要说"不用"。我冲他笑了笑，他也用微笑礼貌回应。气氛缓和了不少，但刚才的尴尬并未完全消除。过了一会儿，他从背包里掏出了什么，看了我一眼。

"来颗口香糖吗？"他问道。

"不了，谢谢。"我脱口而出。

接着，我被"牙医"叫了进去，离开了他。

谈话进展得很顺利。

过后，我又想起那个给我口香糖的人。一整天他都萦绕在我心头，就像穿过云层的一束光。

或许，你觉得这件小事根本不值一提。但这样的行为会让你感受到爱。它有治愈力，尤其对主动分享的人而言。

分享从来都不是小事，
它是如此神奇而有力量。

分享的内容并不重要，不论是一辆车，还是一本书，都能带给你同样的快乐。

你要么选择分享，要么不分享。这是个非黑即白的问题。会打球就是会打，不会就是不会。好在你可以随时开始学打球。一旦你学会了分享，就再也停不下来了。因为分享会令人上瘾。

如果你不说出那声"谢谢"，不以微笑回应那个陌生人，你就无法充分体会自己这一天、一周、甚至一生的全部价值。对方如何回应是他们自己的事情，你只需做好自己。假如你愿意做这些小事，你将收获意外之喜，你的生活将会改变。不经意间，你的夙愿也会达成。

施洗者约翰[①]曾说："如果你有两件衣裳，要分给那没有的人。"但前提是，你得先有多余的衣裳，才有能力去分享。你的汽车电瓶需要先有足够的电，才能借给另一辆车搭电。否则，两辆车都没法启动。

在北爱尔兰，有一个叫乔伊·邓禄普（Joey Dunlop）的人。他曾连续5年荣获世界摩托车公路赛的冠军。他之所以能成为人人敬仰的民族英雄，不是因为他获得过许多金牌，而是因为他将自己的全部财产都捐给了贫困儿童。他经常会购买一整车食物，亲自开到罗马尼亚，分发给当地的孤儿。

48岁时，他在一次车祸中不幸身亡。5万人自发地为他送别，缅怀他伟大的一生。

如果可以，我愿意用100年毫无意义的人生，

[①] 施洗者约翰（John the Baptist）：圣经人物，撒迦利亚和以利沙伯的儿子。因他宣讲悔改的洗礼，而且在约旦河为众人施洗，也为耶稣施洗而得此别名。

去换哪怕 1 小时像邓禄普这样有意义的人生。朋友，别只盯着自己的那包口香糖，拿出来与人分享吧。

  这才是我们来到这个世界的意义。

07
目标即人生

一直以来，认路都不是我的强项。我开车很容易迷路。前不久，我在手机上装了一个GPS（全球定位系统）。每次出发前，我都知道自己的目的地。假如我不知道开车怎么走，我就打开手机上的GPS。有时，就算我知道开车路线，还是会打开GPS，因为它能提供更好的路线。在寻找新路线的过程中，我也会有所收获。

可对于大多数人而言，目的地依然是个未知数。他们的人生没有目标。有人以为自己有，但认真思索一番之后，却发现自己其实没有。

一位演讲者问观众，"你们的目标是什么"。一位观众举手说，自己的目标是赚钱。于是，演讲者给了他1美元，笑着问道："你现在开心吗？"目标必须是具体的、可量化的。比如，年底之前将体重减到 70 公斤以下；每周全家要一起出游 1 次；5 年之内年薪要达到 10 万欧元；每年 4 月都要做一次体检，诸如此类。

几十年前，哈佛大学曾经做过一次调研，调查哈佛的学生中有多少人制定了人生目标。结果，仅有 3% 的学生有自己的人生目标。30 年后，研究人员又对当年的受访者做了回访，了解他们的近况。以经济成就衡量，当年就有人生目标的那 3% 的学生，如今取得的成就相当于其他 97% 受访者的总和。

可见，对未来的目标越具体，实现的概率就越大。有目标，就能将未来融入当下，让不可见的方向变得清晰。如果选择听天由命，日子只会过得漫无目的。假如你不设定一个坐标，生活的方向就无迹可寻。等到人到暮年，回首往事之时，你可别怪生活对你不公。其实是你对生活不公，也对自己不公。

你把周末旅行安排得井井有条，坐哪家航空公司的航班，住哪家酒店，去哪些景点参观；而对待自己的生活，却像对待一张没铺好的床，每次看到都觉得心烦，却又不去把它铺好。要知道，床是没法儿自己变整齐的。

每个取得巨大成功的人,都是一开始就树立了人生目标的,而且是很大的目标。他们想要改变世界,必须很清楚自己具体要做什么才能实现目标。他们早已画好了坐标,然后只管努力。他们胸有成竹,在别人还没有反应过来时,他们的梦想就已经成真了。托马斯·爱迪生(Thomas Edison)、埃米琳·潘克赫斯特(Emmeline Pankhurst)、圣雄甘地(Mahatma Gandhi)、马丁·路德·金(Martin Luther King)、罗莎·帕克斯(Rosa Parks)、约翰·肯尼迪(J. F. Kennedy)、纳尔逊·曼德拉(Nelson Mandela)、史蒂夫·乔布斯(Steve Jobs),这样的案例不胜枚举。

他们的梦想就是他们人生的指南针。他们当中,有许多人甚至愿意为了理想牺牲自己的生命。

海伦·凯勒(Helen Keller)是美国残疾人权利倡导者。一次,有人问她"失明是一种什么体验"。

她的答案是:

"失明固然很糟糕,但更糟的是,视力健全却没有远见。"

08
超级大反派

周日晚上，我抢在一周结束之前，出门慢跑了一次。晚上 8 点，我跑完步，开车回家，途经一家闹市的咖啡屋，正好进去买瓶冰水喝。我将车并排停在了路边。这里可以直接看到店里的收款台，距离不到 10 米远。当然，并排停车是不对的，但也算不上什么会坐牢的大错。

我正准备下车，忽然感到好像有人在盯着我。我回头一看，发现内侧那辆车的车窗摇了下来。车里的司机正手握方向盘，死死地盯着我。那眼神，就像要把我吃了似的。她说了些什么，我虽然没听清，却能明显感到她的愤怒。我没有回应她，只是不断提醒自己，她的怒火或许不是对我，而是对她自己。我将车打着，挂上倒挡，想赶紧给她让道。

可意想不到的是，我的车突然无法倒车了。我又试了一次，还是不行。那位女司机的怒火似乎将我的车封印了。这种情况我从没遇到过，连我自己都很意外。现在，她真的快气到口吐白沫了。她突然启动了汽车，打算硬挤出去。我熄掉火，待车子稍作喘息后，又试了一次。这次，车子终于正常启动了。我赶紧将车挪开。她怒踩油门，飞驰而过，让我联想起迪士尼动画《101忠狗》中的超级大反派——库伊拉·德·维尔（Cruella de Vil）。

要是放在过去，我可能会上去跟她理论，但现在的我不会了。因为我明白，我的精力是宝贵的，应该好好珍惜。我明白，人需要控制自己的愤怒。我知道，如果当时我上去和那个司机吵架，一定会影响到其他人。我也知道，不论当时我说什么或做什么，都于事无补。

现在，我能分辨哪些事情我能控制，哪些我不能。

我会为那些能控制的事情花费精力。

假如控制不了，我就绕道而行。

我父亲常说:"左耳朵进,右耳朵出。"你或许会反驳,知易行难。但其实并不是,多练练就会了。

从那以后,我学会了主动避开"有毒"的人。此后,我的车再也没有发生过类似的状况。

或许,车子也需要通过练习,才能学会避开"有毒"的人。

09
寻根之旅

每年夏天,我都会去爱琴海东北部的希俄斯岛(Chios)。那里是我的故乡。打从我记事起,我的父母就经常带我去那里"寻根"。我爱我的故乡,所以,现在的我也会带自己的孩子去那里寻根。

寻根之旅有固定的行程。船从比雷埃夫斯港(Port of Piraeus)驶出之前的几个小时,港口的汽车排起了长龙。和我们一样,这些人也是拖家带口去岛上度假的。这里既有故人重逢,也有新人到来,到处都充满了欢声笑语。

到了客舱,女儿们都选择睡在上铺,叽叽喳喳地讨论着各种铺床方案。她们用被子搭了个营地,那架势似乎打算住好几天,其实只不过是一趟 6 小时的旅程而已。我们走上船头的甲板,向港口挥手道别。船开了，比雷埃夫斯港渐渐消失在我们的视野中。

在餐厅，我们找了一张靠窗的桌子。服务员穿着笔挺的白衬衣帮我们点餐。我照例点了一份茄汁盖饭，这是我父亲的最爱。他当过船长，知道船上什么好吃。吃完饭，我们回到客舱，开始了一场月光故事会。女儿央求我讲她们最爱听的故事。说实话，我也不知道，她们渴望的究竟是我，还是那些故事。故事还没讲完，她们就睡着了。我爬到上铺，和小女儿挤着睡，免得她从上面掉下来。我小时候，我妈妈也是和我挤在上铺睡。凌晨4点半，闹钟响了。夜还深，服务员敲门叫我们起床，通知我们船即将到港，还特意打开了客舱的灯，免得我们又睡过去了。我先起了床，确保一会儿能及时叫醒孩子，抱着她俩下船，就像当年爸爸抱我一样。

我们赶着夜路开车去酒店，途经迈里（Myli）的3座古磨坊。小女儿开始给大女儿讲磨坊的故事，而大女儿却在旁边酣睡，看得我差点儿乐出声来。继续向前，是落海水手的雕像。过去，我亲爱的姨妈最喜欢在这里散步。而今她应该正在天堂的某处逍遥漫步，看着我们的一举一动会心微笑。

终于到达了酒店。小女儿一手推着行李箱，一手推着滑板车。她偏不肯将滑板车留在车里，非要在夜路上自己滑行，闪光的轮子在地上一圈一圈地画着"8"字。只有她心里知道，不让滑板车孤零零地留在车里是多么重要。孩子的世界就是这样丰富多彩。

早上5点半左右，我们来到了酒店房间。孩子们毫无睡意。我像她们这么大时，也和她们一样。小女儿打开了冰箱。

"糖果呢？"她失望地问。

"明天带你去镇上买。"我安慰道。

我想让她们再睡一会儿，拍着她们的肚子和背，又讲了几个故事。不一会儿，我们三个横七竖八地交叉躺着睡着了。

上午，大女儿醒来后大喊："我要去看爷爷奶奶！"我向她索吻，她对着我的脸颊亲了一口。

才刚踏上小岛，一切就已经如此美好了！

这就是寻根的美妙之处！

这是生活的奇迹，感谢我的父母。

　　不忘自己的来处，就必须时常寻根。我愿意将寻根的传统传给我的孩子，也希望她俩再传给她们的孩子。

　　感恩！

10
阳光总在风雨后

清晨，我在铺着干净床单的温馨大床上醒来。下床时，我的双腿又支撑起我的身体站了起来，听从着我的每一次差遣。我的双脚带我走进卫生间。我打开水龙头，清水喷涌而出，好让我洗脸。我抬头看着镜子里的自己。镜子又一次完美地完成了自己的使命。我离开洗漱台，镜子里的身影与我同步运动着。走进淋浴间，我关上玻璃门，沉浸在香皂的香味中，享受着热水流淌过每一寸皮肤，良久、良久。这是无法言喻的美好。洗完澡，我拿起暖气片上温暖蓬松的毛巾，把自己包裹起来。

我光脚踩着地毯走到窗前，望着窗外的细雨出神。雨点在窗外飘散，顺着玻璃滚落下来，随机交汇在一起，流淌出各种形状。驻足片刻，我开始挑选出门的衣服。打开冰箱，里面的选择也不少。我做了早餐，用三个橙子榨了满满一大杯鲜橙汁。这台榨汁机太好用了！我唯一要做的只是在榨汁头上按压橙子而已。我将鲜美的果汁一饮而尽，关好家门，出去办事。只有我手中的钥匙才能再次打开这扇门，其他的钥匙都不行。是不是很神奇！

我走到车旁。没错，我有一辆车。车子也有一把钥匙。我拧动钥匙，启动了汽车。我没有开音响，但只要我愿意，我随时都能打开它。

中午，我去餐馆吃饭，点了一份美味的沙拉。我一边等着上菜，一边看着人们从身边走过。

我的眼睛能够看见这一切。

多么幸运啊！

我看到许多面孔：有的快乐，有的悲伤。
我看到许多人：有的匆忙，有的悠闲。
不论我望向何处，都能将大千世界尽收眼底。

很快，服务员就端来了沙拉。干净的大碗里放满了新鲜的生菜、热鸡胸肉、面包丁，上面撒着现磨的奶酪碎。这碗沙拉卖 5 欧元。而我有 5 欧元。我掏出钱包，买了单。

我还有部手机。我发了几条信息，然后开始上网，关心世界各地正在发生什么。脸书（Facebook）提醒我，好朋友的生日快到了。我俩好久没聊天了，所以我给他打了电话。听到彼此的声音，我俩都很开心。

我住在一个阳光国度，美丽，和平。我很清楚，明天，我的房子依然会留在原地，不会有失控的炸弹将它夷为平地。我们享受着民主待遇，可以随时随地想说什么就说什么。在这里，夜里 10 点后出门依然很安全。我可以慢跑、看电视、散步、读书，或者做点别的打发时间。我可以出门见朋友，也可以自己待在家。我可以微笑，做自己想做的事情。我的生活我做主。

晚上，我回到家，锁好大门。钥匙又一次完成了它的使命，很顺利就锁上了。我的双眼依然能看到一切，我的双腿依然支撑着我的身体，我的双手依然能拿取东西。我温暖的床依然在卧室里等着我。是的，在这一天当中，我并没有解决生活中的所有问题，也没能解决战乱纷争和环境危机，但这不妨碍它成为美好的一天。

或许你现在没房没车，甚至没有榨汁机。或许你的银行户头没有存款，正在想方设法渡过难关。不论你的处境如何艰难，总有事情值得感激。比如，我们懂得去爱，不论是对父母、伴侣、朋友，还是孩子；比如，我们能够去相信我们愿意相信的事情；比如，我看到了今天的晨曦，也没有错过傍晚的落日；比如，时间总是不断向前；比如，你具备阅读和理解这本书的能力。就算日子再苦，我们依然会感谢正在经历的这些苦难。因为，倘若不曾经历痛苦，又怎能体会生活中真正的快乐呢？

嘿！阳光总在风雨后，不是吗？

11
幽默感

人生是一场游戏，如果你不玩，结局只能是输。这是我的导师最喜欢的一句格言。他不厌其烦地向我们重复这句话，直到我们真正明了其中的深意。

有一天，我在银行排队，无意间听到一段有趣的对话。一位大概40岁的中年女性正在和一位老人聊天，说自己的父亲看上去多么年轻："人们看到我和我爸，都以为我们是两口子！瞧，他在那儿！爸，您来一下！"

我悄悄望去，只见一个上了年纪的男人正朝这边走来，步履轻快，笑容灿烂。他穿着百慕大短裤和时髦的T恤，头戴棒球帽，看上去像个不会变老的少年，充满活力。他这样的人，你只要看上一眼，就会拥有一整天的好心情。"您猜我多大年纪？"她父亲与老人攀谈起来。

"60？"老人猜道。

"我75啦。"父亲带着"少年般"的骄傲，咯咯笑起来。

我惊讶地转过身来。面对这个浑身散发活力的男人，我做不到视而不见。我与队伍中靠后的人换了位置，加入了他们的对话。他十分随和。

"咱们认识吗？"他问我，"我们去过同一间酒吧吗？"他摘掉了棒球帽，是个光头。我也是。"我们上过同一个舞蹈班吗？你爱冬泳吗？"他笑着继续问。他兴趣十分广泛，最重要的是，他那么爱笑，一点小事就让他乐个不停。

快乐就是一切。欢笑既是快乐的产物，也是快乐的源泉，两者的关系就像"鸡生蛋、蛋生鸡"一样。快乐时，你会欢笑，而欢笑也会让你更快乐。而这两者的基础，正是你的幽默感，它决定着你的感受。幽默与生活是一体的。幽默代表着希望，预示着一些新鲜、特别的事情即将发生。幽默是生活的庆典。

有幽默感的人，会活得更开心，更年轻，更少生病。他们就像灿烂的太阳，闪闪发光。不论走到哪里,他们都能量满满,仿佛自带精灵的光环。他们的到来让这个世界变得更美好了。

> 幽默感是个性、气度和风范的标志,
> 是所有伟人的共同特征。

英国前首相温斯顿·丘吉尔与国会议员阿斯特子爵夫人有过一场著名的对话。阿斯特子爵夫人对他说:"如果你是我丈夫,我会在你的茶里下毒。"而丘吉尔则回应道:"夫人,如果我是你丈夫,我会把这杯茶喝下去。"

12
人见人爱是不可能的

想人见人爱是不可能的。承认吧,这是事实。我也是花了好长的时间才明白这个道理。

记得那天是 1998 年 12 月 1 日。我站在台上,正在兴高采烈地主持我新公司的开业典礼。当演讲进入最精彩的部分时,我一个字都说不出来了。就像电源被突然切断一样,我竟然失声了。我试了几次想开口说话,可除了空气,我什么都吐不出来。一切都发生得太突然了,没有任何预兆。通常,电停几个小时就会再来,可我一失声就是 6 个月。整整 6 个月,我一个音都发不出来,只能发出气声,声音小得没人能听见,连我自己都听不见。我几乎快疯了。

医生说,我得了精神性失声。我在医院做了检查,声带没问题。这说明问题出在别的地方。

而在大多数情况下，这个病是心理因素导致的。

过去，我一直是个十足的"好人"。从来没有人说过我的不是。直到有一天，有人将矛头对准了我。

就在我失声的几个月前，有人无端将一项罪名安在了我的身上。以我的标准，他们谴责的内容恶劣至极，我却无法自证清白。最终，在一通情绪化的发泄之后，这件事过去了。但实际上，我依然被此事困扰着，一想起来就生气。我的一位医生朋友后来对我说，假如我年纪再大一点，或是身体再差一点，我八成会被气得中风。

我们打小就期待得到别人的认可。大人总是教导我们，要当个好孩子：自己的碗自己洗，听父母的话，不要在外面惹事。说白了，就是教我们装模作样地当个乖孩子。成年后，我们渐渐发现，自己很难对别人说"不"，很难拒绝别人的请求。你一想到拒绝就发怵，因为在你的内心，那个五岁大的乖孩子一直在试图操控你。你害怕被反对，希望让所有人都满意、都开心。这种受控感越强烈，你的内心就越纠结。

与其取悦别人，不如与自己和解。当更理智

的想法在你脑海中闪过时,坦然接受就好。该拒绝时就拒绝。懂得自我肯定,是你做出其他选择的底气。

> 想人见人爱是不可能的。
> 当你面临人生的重大选择时,
> 你需要更爱的是自己,而不是别人。
> 只有先懂得爱自己,才有能力爱别人。

最近,我听到一句话:"我会替你照顾好我自己,前提是你替我照顾好你自己。"在过去,人们管这叫自私。

而现在,人们管这叫"自爱"。

13
水渠

我有个朋友很会种地，他向我解释了怎样挖水渠。首先，你要在田里挖一条沟，此时的土是松的。当水从沟里流过时，土被水冲走了，沟也就变成渠了。久而久之，水渠会变得稳固，就像是用水泥砌成的一样。水就像认路似的，会不假思索地沿着水渠的方向流淌。

人脑由上百亿个神经元组成。每当人产生一个想法，或做一个动作时，人脑的神经元就会彼此连接，创建出一条路径。每个神经元都可以与成千上万的神经元相连。但是，神经元往往倾向于与相同的神经元重复连接，形成固定的路径。

每天上班，我们会走相同的路线。每天清晨，我们会在相同的时间起床。看电视时，我们看的是相同的节目。我们产生着相同的想法，和相同的朋友玩耍，保持着相同的做爱姿势，度假也总去相同的地方。日复一日，何其无聊，生活本不该是这样。

神经元的连接路径就像那些水渠，被水流给固定住了。然而，想象力应该是无拘无束的，应该不断创造并挑战各种想法，创建出新的路径。我们需要打破路径定式，只可惜我们并没有这样做。

我每天都会晨跑，一边听有声书一边跑，一个星期就能听完一本。有一天，我决定改变，于是将有声书换成了女儿最喜欢的音乐。一开始，陌生的音乐让我觉得不太适应，可很快我就发现它们很好听。我带着截然不同的能量、情绪和心态回到了家，我变得不一样了。我打破了定式。

不论你认为定式是好还是坏，下一次当你打算屈从于定式时，不妨尝试些新东西，看看感觉如何。如果你一直马不停蹄，不妨停下休息片刻；如果你一直在读书，不妨坐下来静静地发会儿呆；如果你一直在骑车，不妨试着去坐汽车；如果你总吃面，不如偶尔吃吃米饭。

改变习以为常的习惯,哪怕只有一次。

这并非难事,而是有魄力的表现。

就在前几天,我和一个朋友聊天,分享了自己的想法。他听后立刻惊呼:"我怎么没想到呢?"

或许原因就在于,他的思想已经如水渠一样被固定住了……

14
一瓶水多少钱？

一瓶水多少钱？几块钱？等等，如果在超市，一瓶水可用不了几块钱。但如果在沙漠中，你快要渴死了，那么，就算花再多钱，你也愿意买。

我从美丽的希腊小岛锡米岛出发，踏上了归途。先坐一个半小时的船，去更大的罗德岛，再在那里坐飞机。

我登上甲板，放眼望去，似乎所有座位都坐满了。再细看时，我发现有一张长椅上只坐了一个年轻人。我问："我可以坐这儿吗？"他点点头，拿起身旁的背包给我腾出了座位。

我用眼角的余光看到他身边还有另一个包。不一会儿，这个包的主人出现了，正是他的女朋友。她礼貌地对我笑了笑，我也回报以微笑，而后陷入沉默。

过了一会儿,我打算去船尾,与这座美丽的小岛告别。我拜托他俩帮忙照看行李,他们笑着点点头,还是没有说话。

船开了,我回到了座位上。哑剧再次上演。

我起身去买水。乘务员问我要买几瓶,我脱口而出"两瓶"。其实我来买水时并没有想到他们,但我是个热衷于分享的人。

回到座位,我在那对年轻人面前放了一瓶水,他俩既意外又开心。女孩向我道谢,瞬间打破了我们之间的沉默。我们聊到了锡米岛,聊到了假期和许多其他事情,愉快而融洽。

我们没有成为挚友,没有交换电话号码,也没有分享彼此的人生故事。毕竟,我们没必要这么做。但我们建立了一种联系,我们度过了愉快的时光,我们做了生而为人该做的事情。我们相互微笑,这种感觉太棒了。船到了罗德岛,我们相互真诚道别。

让一个人快乐,其实并不难。

那瓶水的价格贵吗?不过几块钱而已。

可它的价值呢?无价……

15
少即是多

每次我写完东西,都会反复通读,直到删掉所有多余的字,包括一个标点。如果你想飞得更高,就必须轻装上阵。曾几何时,我习惯于长篇大论,只为给别人留下深刻印象。我以为自己说得越多,别人就越会觉得我说的重要。

而实际上,你是怕自己没弄清楚,才会解释那么多。当你已经弄清楚了,自信了,根本不需要说这么多。这种领悟可谓醍醐灌顶。

智者少言。他们说话直击要害,从不拐弯抹角。

简洁是智慧的源泉。

不论在哪个时代,最伟大的老师只会对学生

说一句话，那就是"跟着我学"。其他的无须多言。

简单和克制，也会让我们在生活的其他方面做得更好。过去，我的衣柜总是塞得满满的。不知为何，我就是做不到断舍离。但有一天，我决定清理掉不需要的衣服。只要是一年都没有穿过的，我就送人。我的衣柜和储物柜都变空了，家里也腾出了许多空间。我觉得生活变得没那么躁动了，人也轻省了许多。

2001年，史蒂夫·乔布斯正在研发苹果公司的第一款便携式多媒体播放器——iPod。他对团队提出了要求，在功能上实现让用户只按两次按键就能播放想要的歌曲。但团队成员只做到了最少按三次。乔布斯冒着推迟新品发布的风险，给团队争取了更多的研发时间。最终，他们研发出了只按两次按键的播放功能。这省掉的一次按键成了苹果公司取得巨大成功的助力之一。

多年之后，我来到自己最钟爱的书店，打算买几本书看。一本书瞬间吸引了我的注意。一看到书名，我就决定买了，因为它叫《少即是多》。

书名就已说明了一切。

16
报警灯

我们在赶时间。每次去游乐场的路上,我们的心情都迫不及待。不管是两个女儿,还是我,都舍不得浪费快乐的时光,哪怕一分一秒。她俩坐在车子的后排,开心地傻笑着。尽管车速很快,我还是谨记安全第一。车行了一会儿,仪表盘上的一个红色报警灯突然亮了。以前,这种报警从未出现过。我很快就判断出,应该是胎压出了问题。我一开始不打算管它,但余光中,报警灯依然在闪个不停。我的内心开始纠结,一会儿想"明天再说吧",一会儿又想"今天必须解决,可能不是小问题,而且加油站就在前面"。最后,我还是不由自主地开进了加油站,就像选择了无人驾驶模式一样。

加油站的伙计很能干。我给他看了看报警灯,他说:"能修,你正常胎压范围是多少?"

"不知道。你们方便测一下吗?"

他二话不说就开始测压。结果,车子胎压过高,可能是因为上周我刚给车子换了个备用轮胎。他小心翼翼地给轮胎放了一些气,让胎压恢复了正常。我给了他一笔可观的小费。以前我很抠门,但现在我变了,慷慨让我快乐。伙计开心得合不拢嘴。我们都笑了,然后又各忙各的去了。

我们比原定时间晚到了一些,但我却玩得更开心。因为我知道,我做了该做的事情。要知道,我们经常会选择做简单的事情,而不是选择做正确的事情。

谁都不喜欢逼自己。
正因如此,我们过不上想要的生活。

我们常常忽视报警灯,即便那小红灯一直闪个不停。"何必自找麻烦"正在一点一点蚕食着你的人生。"何必去费事地修理那个轮胎?""窝在沙发里不好吗?""何必去体检?""何必去健身?""何必读书?"于是乎,电视一直开着,你回避一切走心的对话，只想蜷缩在沙发上。在你找到答案之前，时间已一去不返。有一天，你会看着镜子里的自己无比悔恨，恨自己荒废了所有时光。

最初，报警的是一个小红灯。

而后，是一串闪烁不停的霓虹灯向你扑面而来。

"我的人生将去向何方？"你问道。

"谁偷走了我的时间？"

"我的老板？"

"我的伴侣？"

好好照照镜子吧。偷走你人生的人，是你自己。

现在，是时候归还了。

面对亮起的报警灯，做你该做的事情吧。

生活过分安逸，是一种缓慢而痛苦的死亡。

17
管得宽

有时候，看到某些人的做法，我都不明白他们是怎么活到现在的。对于别人的私事，有些人竟然会那么愤愤不平，也不怕气到自己折寿。

一天早晨，我来到自己最钟爱的一个雅典码头游泳。它就在我家附近。我与晨泳的朋友们快速打了个招呼，便开始热身，准备下水。就在此时，我发现不远处有人正在聊天，谈话内容很有趣。

两个 70 多岁的老太太正在相互吐槽。她们满头白发，骨瘦嶙峋，活像布偶秀中的怪老人。我开始偷听她们的谈话。这种机会不容错过。

"等他上岸了，我会跟他说的。"

"他可得改改了，昨天他也是这样。"

"你瞧，他老婆居然没注意到，还有比她更粗心的吗?"

"要是他淹死了,全都怪他老婆。"

"没错!"

"他还以为自己是年轻人呢!"

"等他一上岸,我就去叮嘱他。"

"对,是得好好叮嘱他。"

"看,他过来了。"

在这里游泳的都是我的老熟人。我知道她俩在议论谁。那位老人上岸了。他身材保持得很好,性格开朗,大家对他印象都不错。他虽然70多了,但看起来似乎才60岁。从摘下泳镜的那一刻起,他就察觉到,这里的气氛不太对头。

"你们好,姑娘们!"他笑着打了个招呼。

"你好,乔治。如果你继续像刚才这样游泳的话,迟早会出问题的。"其中一位老太太一手放在臀上,一手指着他说道。

后面的谈话我记不清了,内容无非是:"你不戴泳镜游得太远了,这不是你这个年龄该做的事。你不年轻了,万一出事了怎么办?万一身体不适或腿抽筋了怎么办?"

她越说越激动,听得乔治哈哈大笑。我懒得

听，直接下水游泳去了。

这个例子固然有些夸张，但在生活中，类似的事情并不少见。我们经常会管别人的闲事，对别人品头论足，好像别人在征求我们的意见似的。我们想当然地认为，所有人都应该和自己一样。我们干涉的是别人的生活，浪费的却是自己的精力，损害的也是自己的健康。我们连自己的生活都没管好，就开始对别人指手画脚了。

管好自己的事，让别人去过别人的日子吧。

你忙着管别人的闲事，
谁又来管你的事呢？

答案就是没人管。

记得小时候，我也遇到过一件类似的事。每次想起来，我都不知道该哭还是该笑。故事的主人公是我的两个朋友，乔治和尼基。尼基一直被家里管得很严。

当时，我们正在沙滩上玩。乔治刚从水里上来。为了好玩，他抓了一只海胆，放到了他妈妈的腿上。他笨手笨脚的，导致妈妈被海胆刺到了，疼得叫了起来,还狠狠骂了他几句。不过,她很快就原谅了儿子。

尼基觉得只骂几句太轻,就问乔治的妈妈:"难道您不打他一顿吗?"

"不打啊,他又不是故意的。"

"那我能帮您打吗?"

管得可真够宽的。

但这就是我们的日常。

18
看见美好

我有个堂兄，不仅顾家，还是个有理想、工作能力又出色的好男人。一般人很难挑他的毛病，但我却发现了一个。

四月的一天，阳光正好，微风不燥。堂兄、我和两个朋友，一起去雅典的一个海滩散心。沙滩上，有人在海边漫步，有人慢跑，有人遛狗，有人游泳，有人打球。那里充满了欢声笑语，一切都显得那么和谐、完美，就像一个浓缩的城市沙盘。

几个小时过去了，我们玩得很开心。准确地说，是三个人玩得很开心，第四个人则未必。猜猜他是谁？我们三个一直在欣赏蓝天碧海，沉醉于周围的环境，可我堂兄却没有。我们向前看风景时，他却在看身后那些躺在野餐垫上的人。我们在冲浪时，他却盯着别人碗中的蛋黄酱。他的心思全在野餐上，根本没有欣赏美景。他越是玩得心不在焉，就越是感到无聊局促。

专注既能让生活生机勃勃，也能让日子死气沉沉。

成功是你想要什么，就拥有什么。
而幸福则是，你拥有的刚好是你想要的。
只可惜，大部分人都参不透后半句。

之所以参不透，是因为你的注意力没有放对地方。我们并没有意识到，拥有健全的身体和正常交流的能力，是多么幸运。我们也没有意识到，生活在一个民主国家，能够随心所欲、畅所欲言，是多么幸运。

世界上并不存在客观现实，只有主观现实：每个人都体验着属于自己的现实版本。过去，人们都会在暗房中冲洗胶卷。在那里，你必须专注，因为它决定着照片的颜色是深是浅，亮度是明是暗，图像是清晰还是模糊。你可以将专注视作一种能力。它或许是人类拥有的最低调也最重要的能力。你对这个世界的看法,决定着你一生的幸福程度。

从前,有两个穷人靠卖鞋为生。他们来到了一个国家,那里所有人都光着脚走路。一个人见状就走了,说"这里的人们都不穿鞋子"。而另一个人却留了下来,说"在这里卖鞋,一定能发大财"。

结果,他真的发了大财。

19
维利亚小镇一日游

外语老师艾琳是个有思想、有主见、热爱生活的人。机智与善良是另外两个让她与众不同的特点。

她联系了我，请我去维利亚小镇，给当地一所学校的老师和家长做讲座。我准备去介绍我设计的一门新课程，帮助孩子和家长建立对新生活的希望。我的梦想就是在全希腊的小学开设这门课程。

踏进校园的那一刻，眼前的景象让我瞬间回到了20世纪70年代，我想起了自己的母校：墙上的立体地形图，满眼的蓝白校服，走廊两侧成排的喷泉，还有奔跑嬉戏的孩子们，都让我觉得恍如隔世。唯一的不同是，这里的校长莱夫特里斯特别和善，是所有学生都喜欢的那种校长类型。

当晚，约有 50 名老师和家长参加了讲座。他们原本有各种理由留在家里，陪伴孩子和家人，共度温馨时光；可是为了给孩子一个更美好的明天，他们选择来到这里，从一个全新的视角重新看待生活。

整整两个小时，我们相互交心，气氛融洽。他们提出的许多问题都得到了解答，我也在他们不同的观点中得到了启发。最终，每个人脸上都露出了满意的笑容。

讲座结束后，老师们坚持要自掏腰包请我吃饭。我说我来付自己这一份，他们硬是不肯。要知道，最近几年，他们已经被多次降薪了。

第二天上午，我得早点回去。但我还是挤出时间，去了趟维利亚镇中心的公共图书馆。它获得过比尔及梅林达·盖茨基金会颁发的普及学习奖。放眼全球，获此殊荣的图书馆屈指可数。它是这座小镇的骄傲与荣光，60% 的小镇居民都是这家图书馆的注册会员。除了能查阅书籍和 DVD 资料，还可以参加各类讲习班、研讨会、思想交流、剧场表演等活动。我对这里印象深刻。

在开车回雅典的路上，我不断回忆着昨天

碰到的那些老师，他们追求梦想的热情深深打动了我。

我花了生命中的一天与他们相遇，他们也一样，最后，我们达成了共识。我发现，昨天最重要的一堂课并不是我教给他们的，而是他们教给我的。这堂课教会了我，通过合作取得成果是多么美妙的一件事。

生活在美好的希腊，我感到自豪。
身为希腊人，我感到自豪。

20
不破不立

电工雅尼斯是一个朋友推荐给我的。我相信那个朋友的判断，因为他推荐的人都很靠谱。雅尼斯也很靠谱。他一到我家，我就看出来了，他是当科学家的料。在电工这个专业领域，他绝对是个行家。

他干活又快又好，干净利落。我可以安心做自己的事，不用管他。交代给他的事情，绝对不需要说第二遍。

一次，他发现一个电器出了问题，问我要不要修一下。

"当然，修修吧，雅尼斯。"我继续做着手头的工作。

"要修的话，我得先把它拆开。"他说。

"你说啥，雅尼斯？"我才回过神来。

"要修，就得先拆，斯特凡诺斯，不然就修不了。"

他的话点醒了我：要修好某样东西，通常都需要先把它拆开。

我的女儿搭乐高积木时，也会这样做。她们会搭各种城堡、房子、学校，乐此不疲。搭好的房子她们总是舍不得拆，可剩下的积木已经不够搭新房子了。一阵踌躇之后，她们意识到，只有拆了旧的，才能再搭新的。

在生活中，这种情况屡见不鲜。旧事物消亡殆尽，为新事物的诞生让路，正可谓"向生而死"。不论人际关系、友情、生意、房子还是情感，概莫能外。

人常常会恋旧。但如果不辞旧，就没法儿迎新，因为空间是有限的。如果不送走旧衣服，衣柜里就放不下新衣服。如果夏天不过去，秋天就不会到来。如果不清除脑子里的旧思想，就无法接受新思想。可人们不喜欢改变，不想送走那些旧衣服，不舍得夏天过去，不愿意清除旧思想。于是，面对18岁的子女，我们依旧拿他们当小孩；面对开启了新生活的前女友或前男友，我们依然无法接受现实。时过境迁，而我们的行为似乎依然停留在过去，停留在"更好的"生活中。我们情愿拖着海底的锚前行，也不愿意把它给拉上来。难怪人们常常对生活感到厌倦。

你一再回避现实，成功也会一再回避你。

假如开车只盯着后视镜，不看前路，猜猜会发生什么？

从人出生的那天起，只有一件事情是确定的：你终将死去。而最害怕死亡的人根本没有好好活过。所以，从现在起，好好生活吧。

别拖到明天，今天就开始。

21
请排克斯塔斯这一队

我在银行办事。填好单据后,彬彬有礼的银行工作人员领着我去排队取钱。出纳的队伍有两条,她对我说:"请排克斯塔斯这一队。"我站到队尾。前面有两位出纳员:克斯塔斯和一个女出纳。很快我就明白了,为什么让我排克斯塔斯这一队。

克斯塔斯大概30出头,身上的紫衬衣明显是刚熨过的,头发梳得很整齐,一副眼镜平添了几分书生气。他坐得很端正,对每个人都是笑脸相迎。他业务熟练,也会花时间和每位客人多客气几句。如果说,他的态度传递了一种讯息,那就是"没问题,请告诉我您的需求吧"。我继续观察着他。轮到一位年轻妈妈,她带着6岁的儿子。我在想,克斯塔斯会不会和孩子主动打个招呼呢。

他好像明白我的心思似的。"你好呀，小伙子。"克斯塔斯一边说，一边用见到老熟人的目光望着那孩子。小男孩笑了，抬头看着妈妈，满脸的自豪，似乎瞬间就长高了一大截。

女出纳年龄与克斯塔斯相仿。但她看着显老，圆框眼镜略显老派，衬衫有些皱巴，背也有些驼，一直皱着眉头。他俩并肩而坐，给我一种"微笑先生"和"皱眉夫人"的即视感。这是我常给女儿们讲的绘本中的两个人物。她的工作能力并不差，可怎么说呢？假如你是一块磁铁，你只会被克斯塔斯吸引。

轮到我了。我递给他单据，说明了要办理的业务。他立刻明白了。两分钟后，他让我在一张纸上签字。

"办好了吗？"我问道。

"还没！"他笑着回答。又两分钟之后，他递给我余下的单据。"现在办好了。"他对我笑着说。接着又笑着向我身后的客人打招呼。

克斯塔斯和其他出纳赚着相同的钱。他们在相同的银行上班，拥有相同的上司，生活在相同的国家。但是，克斯塔斯却找到了每个清晨笑着醒来、每个夜晚笑着入眠的理由。

克斯塔斯会带给人一种单纯的快乐。

而成为克斯塔斯这种人，

更是一种单纯的快乐。

22
一切都会过去

我习惯了每周二去晨跑。清晨6点45分,我和好友米哈里斯相约在同一地点。简单聊上几句之后,我们就开始晨跑,全程正好是35分钟。我们的舌头也得到了锻炼,因为我们会一直不停地聊天。才刚跑5分钟,我们就聊得很深了。我们庆贺着每一次胜利,因为我们都相信,要想做大事,必从小事做起。米哈里斯是个好人,学识渊博,也很顾家。不过要我说的话,他这个人对自己过于苛刻了。

每次完成晨跑,我们都会跳进海里游泳。今天,米哈里斯有急事先走了,我便一个人下了海。

我照例游到了老地方,环顾四周的美景。我看到,远处海岸线上成排的高楼。10年了,这幅画面从未改变。无论春夏秋冬、风霜雪雨,就算我看过无数遍，也依然看不够。

  10年前，公司经营得不错，我来这里游泳庆祝。5年前，公司遇到了些麻烦，我来这里理清思路。2年前，海岸线的风光依然如旧，我心中的焦虑感少了很多。经过几年努力，公司活了下来，我再也不必为它担心了。这一切仿佛就发生在昨天。

  时间过得真快呀！

现实犹如一片汪洋。
忧思如海啸般将你淹没。

  现实中，你以为走投无路了。但过了一两年，你就会发现，当时即使再艰难，过后也会云淡风轻。所有发生的事情都是有道理的，你总可以从中有所收获。

  从前，一个国王向智者请教，希望他分享最深刻的智慧。"如果有必要，我愿意拿我一半的王国作为报答。"国王说道。

  智者没有接受国王送的城池，反而送给他一枚戒指。

"尊敬的国王,请您每天早上拿出戒指,诵读上面的铭文,然后物归原处。"

国王答应照做。第二天早上,他迫不及待地拿出戒指,只见上面刻着一行字:

"一切都会过去。"

23
别当蜜蜂人

15年过去了,我还是忘不掉这个故事。当时,我正在参加一个研讨班。

演讲者深吸了一口气,那神情仿佛即将揭秘人生的奥义。他确实做到了,与我们分享了人生秘诀,而我们也愿将这个秘诀分享给更多人。

"你拿一个空瓶子,用瓶底对着玻璃窗,阳光会照进瓶子。这时,你放一只蜜蜂到瓶子里。蜜蜂是一种'聪明'的昆虫。"他特意强调了"聪明"二字。

"蜜蜂的世界充满着秩序。但不幸的是,这些秩序过于严格。蜜蜂知道,出口总是朝向亮的地方,因此它会一直朝瓶底飞,但永远都飞不出去。过不了多久,它就会死去。"

"现在,如果你放一只苍蝇到瓶子里,会发生什么呢？"演讲者继续说道，"苍蝇是'愚蠢'的昆虫，从不懂得遵守规则。它很清楚自己的无知，因此，它会四处乱撞，寻找答案。最终，它会找到瓶口飞出去，好好地活下来。所以，做人千万别当蜜蜂，而且还要远离像蜜蜂一样的人。要永远当自己是苍蝇，牢记自己的无知，这样才能不断寻找答案。"

我见过有人把自己关在柜子里，那种老式铁皮保险柜。他们给锁设置了密码，将自己关在里面。在这个过程中，他们甚至会忘记密码，忘记自己已经被关起来了，因为这个柜子就是他们的全部世界。就算你告诉他们事实，他们也听不见。就算你告诉他们出口在哪儿，他们也看不见。他们已经变成"蜜蜂人"了。

<blockquote>
问题不在于你不知道什么，
而在于你以为自己知道。
</blockquote>

你越以为自己知道，就越自我封闭得厉害。

你虽然离开了学校，但学习并没有结束。坚持学习，直到生命的最后一天。拥抱知识，享受知识的光芒和温暖,就像在沐浴晨光。沉浸在生活中,从生活中学习,不要让时光白白溜走。别追问自己应该挣多少钱,而是去思考自己还需要学些什么。这才是你应该过的生活。

苏格拉底曾说:"我知道自己一无所知。"

这位史上最伟大的哲人也宁愿当一只"苍蝇"。

24
乞丐的故事

初次遇见那个乞丐,他正朝着我的车走来。我刻意避开他的目光。他发现从我这儿啥都讨不到,便向后面那辆车走去。我透过后视镜,想看看后面的车主会不会施舍他些什么。不一会儿就绿灯了。

第二次遇见他,我仔细打量着他。他戴着一顶时髦的针织帽。你想象不到,这样的帽子竟会戴在70岁老人的头上。他的胡子花白,双眸炯炯有神,还缺了颗门牙。这模样让我对他产生了好感。我们四目相对,他却径直走了,显然对我毫无期待。我觉得,上次他可能记住我了。

第三次遇见他,算我运气好,副驾座位上刚好有半张比萨。其实我之所以会带比萨,就是以防万一又碰见了他。我摇下车窗,他马上就看到了。我把比萨盒递给他，他立刻伸手接住，心花怒放，咧着嘴笑开了花，就像变了个人似的。那一瞬，他仿佛坐着时光机，回到了30年前，还顺带捎上了我。就像电影里魔法发生时一样，一束光照亮了这里。只不过这束光并非电脑合成，而是真实存在的，它穿透了我的整个身体。

再次遇见他时，他没有任何要乞讨的意思，这种感觉很好。他远远看到我就开始笑，那是一种由衷而平等的微笑。我想起自己带着香蕉，向他点点头，示意他过来。他立刻跑上前来。我递给他一根香蕉，他开怀大笑起来。他每次都这样，似乎在感谢我让他吃到了健康的食物。

现在，我们成朋友了。当我在家门口等红灯时，我就会到处找他。只要我带着食物，我就会分给他；身上有零钱时也会给。他认得我的车。每次我接近那个路口时，他也会找我。虽然不是一次不落，但也是尽量不错过。我们的关系是相互尊重的，谁也不依赖谁，彼此尊重各自的边界。

一段时间以来，我学会了花时间与陌生人建立关系。这些人可能我遇见一次之后，就一辈子也不会再遇见了，比如某个路人、收费站的工作人员，或药店的收银员。一个微笑，一句谢谢，一声早安，一次点头，都会让我的内心充满喜悦，仿佛整个人都充满了电，就像为电瓶车的电池充电一样。

  人们常说，"有付出就会有回报"。事实也的确如此。这就像你在纸上作画，纸的反面也会印出你画的准确轮廓。但是，付出的原因应该是你乐于这样去做，而不是算计会得到多少回报。否则，就算你画了，也啥都印不出来。

25
为什么？

事情发生在周一早上 8 点左右。当时，我正在银行门口排队。排在我前面的，是一位衣着讲究、面容慈祥的老太太，拄着拐杖。银行开门后，人们走了进去。那位老太太排在第三个。一位排在后面的女士走上前来，建议前面的人都谦让一下，让老太太排第一个。老太太听了连声道谢，但并没有接受她的好意。

"你说得没错。"我夸那位女士建议得好，懊恼自己怎么没想到。

她却气鼓鼓地回到队伍后面，摇着头，喃喃自语："我知道我说得对，可她不听，还是白搭。"要是在卡通片里，她的头顶此刻该是一片乌云了。她情绪激动，我并没有回应。毕竟，她不是在生我的气。

离开银行时，我才注意到，排队的人们愁云密布，情绪低落，似乎都受到了刚才那件事的影响。我就像在检阅一群悲伤的人，这种感觉很陌生。

我一个人走了好一会儿。突然，一个问题浮现在我的脑海中："为什么？"一开始，它还是一个小小的问号，现在却越变越大，大到让我喘不过气来。

为什么我们不说"请"？

为什么我们不说"谢谢"？

为什么我们不微笑？

为什么我们害怕去爱？

为什么我们更害怕表达爱？

为什么我们不好好照顾自己？

为什么我们让自己吃得比宠物还差？

为什么我们不像保养汽车一样保养自己？

为什么我们记得给手机充电却很少给自己充电？

为什么我们常说自己的坏话？

为什么我们会浪费生命，好像我们能活 100 万年似的？人的一生不过 1000 个月而已。珍惜时间吧。

为什么我们不去和制造问题的人探讨问题，而要去社交平台上昭告天下，告诉每一个无关的人呢？

为什么我们不为别人的快乐而感到快乐？

为什么所有事情都是别人的过错？

为什么我们总有说不完的委屈和抱怨？

前几天，我打车回家。由于我家附近的十字路口没有减速标识，我特意嘱咐司机："小心些，有些人会直接冲过这个路口。"

"这些人啥都不会，就会超速！"他开始发起了牢骚。我向他道了句"晚安"。

就此打住吧，兄弟！

26
天堂路 70 号

过去一周，我和孩子们在希腊的锡弗诺斯岛（Sifnos）度假。昨天，在一个充实的白天结束后，我们发现时间还早。（这种情况此前绝无仅有！）如此美妙的夜晚岂可辜负，我们决定去海滩漫步。

夜色太美了。这是在希腊才能见到的美：天上繁星点点，眼前的汪洋犹如一面镜子。海浪轻拍着海岸，仿佛在吟唱着海的歌谣。远处酒馆的灯光若隐若现，倒映在水中，就像萤火虫在海浪中翻飞。我和两个女儿前后脚走着，就像西行朝拜的东方三贤士。我们说好，只能在湿润的沙滩上走，不能让海浪湿了脚。要是遇见稍大的浪，我们就跳到一旁。

可不一会儿，小女儿就忍不住了。她要踩水玩，海水已经没过了她的脚踝。这一刻，我不得不感叹造物主的智慧。人和人是多么不同啊！大女儿是个极其守规矩的人，脚上滴水未沾。而小女儿却根本不管这些规矩，只想去水深的地方玩个痛快，我们只好时不时地将她拉回来。

就这样，一个女儿在岸上，一个女儿在水里，我们仨继续向前走着。我们经过了沙滩上一簇簇的阳伞。有些阳伞俏皮些，做工精良，就像衣着讲究的城里人，坐在高档餐厅里，细品着鸡尾酒和开胃菜，将手优雅地插在衣兜里。有些阳伞则另类些，让人想起了自由自在的波西米亚人，既讨厌墨守成规，也受不了隔壁高贵的上等人。但是，正如生活中所见，这两种人其实都很好。只要心态放平和，一切自然也就顺眼了。

当我们走过所有的阳伞，孩子们也累了，发起了牢骚。然而，真正的魔力现在才显现出来：灯光渐渐暗淡，星光却越发璀璨。海滩的背后散落着几间宁静的农舍，其中最小也最别致的一间亮着块灯牌。走近细看，上面有一个数字——70。虽然我不懂为何农舍要学城市建筑进行编号，可灯牌在这儿却毫无违和感，仿佛是古老情歌的一句歌词、经典电影的一幕场景，带着一种恰如其分的深意。三个女人静静坐在门廊上，欣赏着迷人的海滩夜色。我纠结了一阵，犹豫要不要打破这份宁静。终于，我还是忍不住夸了她们一句："你们拥有全世界最美丽的家！"她们开心地笑了。

我们继续走着。一对年轻人在游夜泳，几个孩子在沙滩上追逐嬉戏。再往前一点，几拨游客在海滩尽头的几家酒馆里吃晚餐。大家不约而同地放低了说话的声音，共同守护着这一片静夜。

沐浴繁星，我边走边给孩子们讲故事，一些我从小就记得的故事。即便是现在，它们也能将我带入魔法世界。孩子们听得大气都不敢喘，生怕错过一个字。陪伴我们的，是大海醉人的香气和海浪的轻声细语。

回去的路上，我们在花里胡哨的阳伞下歇了歇脚。我给女儿们点了她们最爱的少女款鸡尾酒，也给自己点了杯饮料。我们三个人挤在两张躺椅上，继续讲着故事，中间还谈到了我们的秘密计划和愿望。这是你永远不愿结束的一晚。毫不夸张地说，就算生命在此刻终止，你也会觉得此生无憾。

我们终于回到了酒店房间，筋疲力尽，但开

心极了。我们一起读了国王和巫师的故事,很快就睡着了,几乎同时进入了梦乡。

这是梦想成真的一晚,仿佛真的置身于天堂。

似乎是那间农舍在我们身上施了魔法。

它的地址是:天堂路 70 号。

27
关掉电视

2001年，我搬到了位于雅典郊区武利亚格迈尼的新公寓。这里环境安静，面朝大海，完全符合我为自己充电、寻找灵感的需求。

我家的有线电视到期了，该续费了。心底有个声音劝我别续，我听了它的话。

生平第一次，电视缺席了我的生活。它曾是那个连问都不问，就大摇大摆闯进我的生活，一直伴我左右的室友。

生平第一次，我摆脱了遥控器的支配。以前，不论是刚起床还是准备睡觉前，我手里拿的都是它。现在，我的生活清静了，我找到了自己一直在寻找的答案。它其实一直都在我的脑子里，呼之欲出，只是一直沉溺在电视噪声中的我根本无法注意到。

从小学到现在，这是我头一回拥有自由的时间。我们常听人抱怨没有自由时间，但这不是真的。你其实拥有足够的自由时间，只不过最终都被你浪费掉了。

现在，回到家后，我没有电视用来打发时间了。所以我出门散步，去找朋友玩，或者安静地独处，整理自己的思绪，有时还会将它们记录下来。终于，我再次成为自己人生舞台上的主角。

普通人每天看 4 个小时电视。更糟糕的是，他们觉得这不花钱。无休止地看电视，其实会让你损失惨重。它会消耗你的梦想，破坏你的计划，荒废你的志向，毁掉你的生活。有朝一日，80 岁的你一觉醒来，幡然悔悟，追问时间都去哪儿了。是你自己不要了啊，难道你还不明白吗？现在才想找回来，为时已晚了。

不看电视以来，我节省了超过 1 万小时的时间，相当于 400 多天，也就是 1 年多。这可是价值千金的 1 年啊。

如果我的做法于你而言过于极端，不妨先从时间上加以限制。减少看电视的时间，每天少看 1 小时，1 年就能节省 365 个小时，这相当于 9 个星期的工作时长。如果其他人 1 年拥有 12 个月,你就相当于拥有 14 个月。这多出的 2 个月,就是上天赐予你实现梦想的礼物。

我还记得彩电刚刚出现在希腊时的情景,那时有句被涂鸦在墙上的话让人过目难忘。

彩色电视,黑白人生。

懂得如此思考的人,已经远远领先于他们所处的时代。

28
你是谁？

这个故事感人至深，是发生在 1870 年田纳西州的真人真事。小男孩名叫本，他从来没见过自己的父亲。当时的人们认为，未婚生子是一种罪过，有这样身世的孩子会被打上"私生子"的烙印。社会是残酷的。从 3 岁起，本就常常被人问"你的父亲是谁"，本只能羞愧地低下头。孩子们都不愿意和他玩，做母亲的都会嘱咐自己的孩子离本远一点。随着本渐渐长大，情况也变得越来越糟。对本而言，学校堪比人间地狱。课间，本总是独自一人。吃午饭时，本也形单影只。周末就更惨了，他和妈妈去买东西，大人和小孩都会追问同样的问题"你爸爸究竟是谁"。问得本更加难为情了。

每次去教堂，本总是最后一个进去，第一个

出来，为了逃避那些令他尴尬的问题。他觉得自己一无是处，有时甚至宁愿自己从未出生。本8岁时，教堂来了一位新牧师。他人很好，有教养，很和善，思想也更开明。他是一个真正的上帝使者。一个星期天，晨祷结束得比平时要早，本还来不及溜走，牧师就走到了他的身边。他轻轻将手搭在本的肩上，让本感到很意外，其他会众也都不明就里。牧师高声说："本，我最后问你一次，你父亲是谁？"教堂里鸦雀无声，连根针掉在地上都能听见。本快要哭了。"你别急，我知道谁是你父亲，上帝是你父亲！所以你才一直得到上天的眷顾！你继承了许多优良品质，孩子。勇往直前，去干一番大事吧！"

本笑了，泪水滚落下来，但这次是喜悦的泪水。有生以来，本第一次有了自己的身份，再也没人追问他的父亲了。他为自己感到自豪。而且，这种自豪让他干起了大事。他两次当选田纳西州州长，成为全美国最成功的州长之一，名垂青史。

本只不过改变了自己心中的身份，他不再是人们眼中的私生子，而是上帝之子。而今，他成了自己一直想成为的人。改变自己只需要一个瞬间，只要你真心想改变。一个瞬间，足以让人重生。

不少伟人在童年都曾经历过苦难，比如挨打、性侵犯，要么就摊上了一个酒鬼父亲。但总有某个时刻，他们能迎来自己的辉煌。这是属于他们的时刻，新生的时刻，告别过去，拥抱未来。他们努力呵护着新生活，勤奋不辍，他们的成就大家有目共睹。

而你呢？你是谁？你会是逢人就诉苦的可怜虫吗？没有学你喜欢的专业？摊上了糟糕的父母？饱受经济衰退的重创？不喜欢现在的工作？你会是那个亲手扼杀掉自己梦想的人吗？你梦想成真的时刻是否已经出现了？你重生的机会就在眼下吗？

我和朋友分享了我的梦想——开一门自我意识启蒙课，推广到全希腊的学校中。"好家伙，你以为你能够改变世界吗？"他向我投来难以置信的目光。

"你说得没错！我要改变世界！"

如果我不去做，谁又会去做呢？

29
记录奇迹

这件事情,我很难做到客观。对于拯救了自己的事情,谁又可能做到客观呢?通过记录奇迹,我改变了自己的生活。在过去 10 年中,我虔诚地记录着这本快乐日记,也就是我的"感恩清单"。

我买了一个好看的笔记本,用来记录每天发生在自己身上的美好奇迹。起初,我不知道该写些什么。每次打开它,只能和它面面相觑,何其陌生。那感觉就像去相亲,完全不知道该聊些什么。

慢慢地,我的思路打开了。我开始记录美丽的日出、有趣的对话。日积月累,我记录的东西越来越多。

你试过打网球吗?道理是一样的:每天练习,每天就会有进步。我每天都写得更长一点,慢慢就有了长进。我开始意识到，原来生活中有数不清的美好，可惜以前都被我忽略了。这些美好其实一直都在，只是我没发现。我记录奇迹的笔记本成为我的相机。我随身携带，随时"拍摄"生活的瞬间，再"冲洗"出来。而最大的快乐，就是将它们放进"相册"。每天结束时，我都会将它们一张一张地放好。这种感觉非常奇妙。

我开始给自己设定任务。我想写 20 个感恩故事，就真的写了出来。每天起床，我的双腿能站起来；家里有热水，我可以洗热水澡；我有一张温暖的床，辛苦一天之后能好好休息。就这样，我的生活变了，也可以说我变了。

我看到了美好。
这些美好让我深感震撼。

我的生活一如既往，但如今我见识到了生活的精彩。

我现在写完的笔记本已经数不清了。我把它们放在书架上，有空就拿出来读一读，乐此不疲。

有人将这种行为称作"有意识的快乐"。他们说得对。我没有等待外卖员送餐上门,而是在我乐意时亲自开火做饭。你可以称其为"做饭的快乐"。这样的饭是最好吃的!

有时候,我会在街角的小店里买水喝。打开冰柜门,水是凉凉的,正好能让我在大热天解暑。我付款时对店员说:"朋友,你们卖的水太棒了!"

"你点亮了我的一天。"店员笑着回答。

"你也是。"

嘿!我得赶紧记下来……

30
周末游圣山

我算不上人们口中那种虔诚的教徒，但我是相信上帝的，用我自己的方式。

在过去 15 年中，每年春天的棕榈主日（Palm Sunday），我都会和一帮朋友去希腊北部的阿索斯山（即"圣山"）朝拜。圣山上有 20 家修道院。这是我们的传统活动，也是一年一度的见面机会。我们以此远离城市的喧嚣，向上帝表达敬意，顺便放松几天。

去修道院之前，需要提前几天联系朝圣者管理局进行预订。奥拉努波利斯镇（Ouranoupolis）是阿索斯山半岛的门户。在这里，花很少的钱就能办理旅游许可证。渡船或快艇会带你去修道院社区，它们都是准点发船的。到达社区之后，游客需要去接待处签到。迎接你的，除了僧侣们的笑脸，还有一杯热咖啡和美味的土耳其软糖。一天的舟车劳顿之后，这些软糖变得格外好吃。

阿索斯山的朝圣者络绎不绝。僧侣们如蜜蜂般忙碌，总有忙不完的工作。他们话不多，遇事也从不抱怨。修道院的建筑几乎全都采用纯天然材料，但周边环境已持续多年高速发展，速度令人叹为观止。不论你走到哪儿，都会看见有工人和僧侣在努力工作：做饭、打扫卫生、种地、建房等。看他们忙碌，都是一种享受。

僧侣敬畏自然，从不浪费。香客不吃的东西，僧侣吃。僧侣不吃的，牲畜吃。每家修道院里都少不了猫儿狗儿，它们与人类和谐地生活在一起。食物残渣可以用来堆肥。凡是能回收利用的都会回收。不能回收的垃圾会放在特制的窑里焚烧，尽可能减少垃圾的数量。在这里，走在路上是看不到一点垃圾的。

不论是僧侣还是朝圣者，吃的东西几乎清一色是本地产的。只有那些生活必需品，他们才会花钱购买。僧侣对这片土地充满了尊敬和热爱。这里的食物和酒都非常美味。

晚餐是一项神圣的活动。只有当所有僧侣和

朝圣者都入座完毕之后，才能开始用餐。这时，你会听到敲锣声，表示可以开饭了。每个人都专心吃着自己面前的晚餐，没有人看电视，也没有人玩平板电脑或查看手机短信。我们心怀崇敬，感恩造物主。锣声再次响起时，晚餐时间就结束了。大家规矩地起身，离开餐厅。修道院院长已经在出口等待着大家，为众人祈福。作为众生之首，他总是等到最后一个才离开。

在这里，斋戒是一种生活方式，并不局限于封斋节的40天。它意味着在生活和消耗上要节制，对自然和众生要尊重。但最重要的，还是尊重你自己。

这里看重的，不光是你对基督的爱，还有你对众生的爱。它们代表了我们的罪孽、命运的捉弄，以及生活中的失败和错误。人人都会犯错，犯错是人的权利，错误是人生的经验。在圣山上，面对错误，我们无须羞愧，更无须掩盖。相反，我们要暴露错误。

只有这样，我们才能有第二次机会。这个机会叫忏悔。忏悔可以帮你直面自己做过的错事。坦诚面对，会让你成为一个诚实的人。人首先就应该对自己诚实。忏悔还能让你与圣人分享你内心深处的秘密。在这里，圣人就是精神领袖，他会给你宝贵而真诚的建议。

你会战胜挫折，重新站起来。你会变得更强大，宛若重生。你看待事物的角度会变得不同，会更加乐观。有句日本谚语是这样说的：

假如你摔倒了七次，那就站起来八次。

在圣山上，这叫复活。

我去圣山的礼品店买东西，想带些纪念品送朋友。在收银台收钱的不是普通僧侣，而是修道院的院长。我客气地问他怎么会在这里。他眼睑低垂，像上帝般谦卑地说："给僧侣们搭把手，他们太忙了。"

对我来说，他是真正的精神领袖。

不愧为众生之首。

31
玉米穗

索菲亚是一名幼儿园老师。我们在脸书上相识，约好见面，聊聊我为学龄儿童准备的自我意识启蒙课。她很年轻，开朗大方，热爱老师这份职业。我们对很多事情的看法都相同，直到她谈到了最近找工作的事。我们聊到一个关键问题：生活究竟是我们自己决定，还是由命运决定？

"斯特凡诺斯，我全力以赴地参加了面试，但那所学校还是没有要我，太倒霉了。"她说道。

"你真的尽全力了吗，索菲亚？"

"是的。"

"如果有机会重来一次，你会表现得和上次一模一样吗？"

"嗯，我可能会多做点准备。"

"很好。"

"可能会补充些内容。"

"很好。"

"所以，如果现在让你重来一次，你会有所改变？"

"应该会吧。"

做事要尽全力。虽然有时候未必会成功，或者未必会此刻就成功，也要这样做。如果你学会了尽全力，或许这些努力会在明天结出果实。不论何时，做事都要尽全力。每过一天，都应该有新的收获。不断学习，不断把握机会，用知识武装自己，再转化为行动，你就能成为决定自己命运的人。

从前有3个人，每人有1根玉米。第一个人吃掉了玉米，填饱了肚子。第二个人种下玉米粒，长出了10棵玉米植株，得到的果实够吃10天。第三个人也种下了玉米粒，长出了10棵玉米植株。但这个人只吃掉了1棵的果实，将剩下9棵的果实又种下了，这回长出了90棵玉米植株。他还是只吃了1棵的果实，还送了1棵植株给朋友，因为他知道分享的益处。剩下88棵玉米植株的果实，他继续种下了。时至今日，村子里一半的产业都是这个人的,有一半的村民为他打工。

> 最终,生活不是命运对你的安排,
> 而是你面对命运做出的选择。

知识越多,选择越多。选择越多,结果越好。结果越好,生活越好。这正是你希望的。

但是,想要拥有更多选择,你必须不断学习。简而言之:终身学习才是正道。

坚持学习,直到我们离开这个世界。

32
瑜伽教练

周三上午是我的瑜伽时间。除非事先有其他安排，否则我一定会去上瑜伽课。因为身体原因，我很早就开始接触瑜伽，到现在已经练了20年了。事情往往都是这样：最珍贵的礼物，通常并不在系着丝带的精致包装盒里。也正因如此，珍贵的礼物经常会被人扔进垃圾桶。

瑜伽已经有几千年的历史了。它能让你内心平静，心态平和，自我升华，获得放松。这是一门独特的生活哲学，其中没有什么是凭运气的。

每节瑜伽课都会带给我新的收获。今天的课上，在做一个特定的瑜伽姿势时，我旁边有一位女士的动作不太标准。我等着看教练的反应，不知她是会上前纠正，还是视而不见。我猜对了。教练选择不去干预，给那位女士自行调整的机会。

她靠自己调整到位了。下课后，我们聊到了这件事。我们经常进行课后讨论，这才是课程真正的精华。教练告诉我们，纠正动作，靠外人建议是不行的。她没有用"错误"这个词，这很明智。（我曾经听过，"错误"这个词本身就是错误的）她总结道，任何对他人生活的纠正或干预，都是某种形式的侵犯。当他人没有主动要求你这样做时更是如此。

我们经常会干涉其他人的生活，比如我们孩子、父母、同事的生活。我们对每件事都有自己的看法，而且通常都缺乏对事情的全面了解。就算别人没有征求我们的意见，我们也会一边批评，一边建议。就好比你路过一家水果店，店主装了一袋香蕉塞到你怀里，然后向你收钱。

到头来，每个人都有自己的目标、
价值观和最想做的事情。
这是他们自己的生活。

几年前，我有过一次奇妙的经历。那天晚上，我打了辆出租车去机场。我心情愉快，因为当时的我，正处于顺风顺水的人生阶段。我坐在车子的后排，开始进行呼吸练习。司机心很细，没有打扰我。但过了一会儿，他还是忍不住说道："伙计，我从后视镜里看到你一直在大喘气，天知道你经历了什么。真是个可怜人……"

我听了哈哈大笑，向他解释了原委。我们俩笑得肚子都痛了。直到今天，我一想起这件事，还是会忍俊不禁。

祝你一切都好，兄弟，不论你身在何处。

33
50 欧元的价值

我答应过女儿,要给她们印名片。当时,她俩一个9岁、一个6岁。我觉得印名片是个好主意,不仅能发给她们的朋友,还能帮她们建立身份意识,树立目标。我和女儿经常做这样的事情。她们一个要在名片上印"健身教练——运动员",另一个要印"健身教练——探险家",一个要印黑色的名片,一个要印淡草绿色,都是她们最喜欢的颜色。

印刷店打来电话,告诉我名片印好了。我拿到了名片,印得非常好,完全符合女儿们的期待。

我掏出钱包付款。店员告诉我,我已经付过100欧元定金了。我清楚地记得,我付的是50欧元。一开始,我打算保持沉默,50欧元不是个小数目。但后来我又想了想,不想为了这50欧元破坏了自己的诚信。"我付的是50,不是100。"

我坚持了自己的原则。她查看了一下之前的记录，确认我说得没错，对我连声道谢，也毫不掩饰她的惊讶。她没想到，我竟然会如此诚实。

这 50 欧元，我没有挥霍，也没有浪费。我将它投资在了自己身上，投资在了别人看不见的存钱罐里。这个存钱罐至关重要，因为它代表着你的身份，是你最宝贵的东西。

你的身份就是你心目中的自己。
你将成为什么样的人，
永远都与你心目中的自己如出一辙。

知道吗，它就像你的影子。不论你走到哪里，都会带着这个身份。忠于自己的身份，是全世界最美好的感觉。这是用金钱买不到的。这种感觉会帮助你美梦成真，会帮助你在人生之路上勇往直前。

离开打印店，我心里轻松极了。我就是我自己，没有什么东西能够收买我。

如果换算成一个人的自我价值，50 欧元该值多少呢？

答案是无价。

34
说好话

前不久，我搬家了。原来的清洁工没法来新家工作，我只好拜托朋友再介绍一个。

朋友答应了："我叫我的清洁工去你家，她干得很好。"我给这名清洁工打了电话，她刚好有空。我们约好来新家打扫的时间。从外表就可以判断，她是个既负责又细心的人。

那天，我刚好要外出办事，便留她一人在家打扫。等我回到家，她已经离开了。我之前没时间和她交代清洁用品放在哪里、干净床单放在哪里，但她自己全都搞定了。

房子收拾得非常整洁，就像仙女教母挥舞了一下魔法棒，一切就立刻变得干净了，我很惊喜。要是在过去，事情到此就结束了，而现在，我学会了分享。

我给清洁工打了电话:"嗨,瓦伦蒂娜!"起初,她并没有听出我是谁。

"我是斯特凡诺斯。"

"出什么问题了吗?"她的声音有些着急。

"没有,没有,一切正常。"

"那您找我什么事?"

"我打电话是想告诉你,你做得很好。屋子收拾得很完美。"我还把关于"仙女教母"的那段称赞讲给她听了。

她愣了几秒钟:"您是说,您对我感到满意?"

"不只满意,是喜出望外!"

她呆住了,或许从来没有人对她讲过类似的话,或许她觉得很感动。

"谢谢,非常感谢!"她答道。

我可以想象,她在电话那头脸上的微笑。她很开心。我们定好了下次她来打扫的时间。

多说好话。
先对自己说,然后对别人说。
大家真的都需要听好话。

比你想象中的更需要。这能让我们的生活变得更美好，也会让世界变得更美好。不要吝啬你的赞美，赞美能带来更多赞美。快乐就该与其他人分享，不与人分享其实是一种浪费。

我有个朋友，是我的前同事，对摄影特别有研究。有一次，我给他看了一张我拍的照片。

"哇，斯特凡诺斯！拍得真好！"

听到他的评价，我非常自豪。"构图很棒，不过，或许可以把这部分裁掉。"

"谢谢你，尼克。"

"要是这样去拍脸的话，就更好了。"

"谢谢，尼克。"

他继续观察了一阵，又接连提了几条建议。

"谢谢，尼克。"

终于，他做完了最后的评价。

"老兄，你在开玩笑吗？你分析得也太透彻了！"我笑着说。他也笑了。

他的话我听进去了。因为他说的是好话。

我感受到了他对我的欣赏。

35
正视金钱

我这个人一直很善于赚钱。5岁时,我就挣到了人生第一桶金。当时,我爸爸是船长,他叫我在他的船上画画。我把赚到的40欧元放进了小猪存钱罐里。我永远忘不了那种通过劳动挣到了钱的感觉。

成长的过程中,我一直尊重并正视金钱。我也教导女儿这样做。她们同样是在5岁时赚到了人生第一笔钱。有时候,我会在她们放学后,带她俩去我办公室。她们会在那里画画、打字、分发文件、帮忙打杂儿,以此来挣些零花钱。至今,她们还保存着第一张工资条,那是会计发给她们的,上面的金额是5欧元,当时她们可自豪了。

在希腊,人们对金钱有很多误解,认为金钱是肮脏的,有钱人都很坏,等等。如果你也心存这些偏见，那你永远都挣不到钱。我们应该敢于谈论金钱，把它当作一个朋友。如果你说朋友的坏话，朋友是绝对不会留在你身边的。

金钱是一种能量。
它本身无关善恶。
却能折射出人的善恶。

我曾听说过一个关于 10% 的黄金投资法则：将收入的 10% 拿来投资。钱不该只放在口袋里，而应该直接存进银行，或用于投资。平时拿 90% 的收入生活，不要全都花光。你可能会说，我的收入就算全花了都不够，只花 90% 又怎么可能够？就算你的收入翻番，你的钱还是不够花的。如果你不拿钱投资，钱总是会花光的。聪明的人都懂，应该先投资，后消费。

别抱怨钱难挣，去了解赚钱的规则吧。像做游戏一样赚钱，和家人一起玩大富翁，让孩子们也参与到赚钱的游戏中。有钱意味着拥有更多选择。

每年圣诞假期前夕，女儿们都会制作手工卡

片去卖,并将收入的一部分捐给慈善机构。我朋友经常批评这件事,说"孩子不应该为了赚钱而工作""圣诞卡片卖得太贵了"之类的。我听到只是笑笑。事后我想,如果我5岁时没有挣到第一笔钱,如果我小时候不靠做家务赚零花钱,如果我不懂得如何理财,我就不可能写出你们手中的这本书。

如果你对金钱存在误解,还是越早消除越好!

36
礼物

我有些朋友是通过孩子认识的。友情的发生就像一棵树抽出了枝丫，会越长越大，大到可以移植，再抽出新的枝丫。它可以长成一棵大树，有时甚至比第一棵树更高大。我和女儿同学的家长就是这样成为朋友的。现在，我们的关系甚至比孩子们的关系还要好。

我们有段时间没见了，于是我特意安排孩子们一起玩了一天，实则是在为我们大人聚会找借口。在电话里，女儿同学的妈妈聊到了一些工作上的事，听上去很焦虑。我打断了她。要想吃顿好饭，应该准备上好的瓷器，摆好碗筷才是。谈话也是一样，应该等双方都有充裕的时间，找到合适的地方，再好好聊一聊。"等到了再详谈。"我跟她说。

周日，她们一家人过来了。女孩们在屋子里自己玩，我们正好能静下心谈一谈这件事。我的朋友工作能力很强。虽然我没亲眼见过，但我很肯定。你可以从许多细节中判断一个人的能力，如通过他们看人的一个眼神，就能看出他们是什么样的人。

这位朋友的故事说来话长。她在一家大公司上班，公司很认可她的贡献，老板也很器重她。后来，出于某些原因，新来了一位中层经理。用我朋友的话说，这个人做事有自己的一套，算不上灵活。很快，冲突就爆发了。他给我朋友分配了一个助手的角色。我朋友向老板抱怨此事，老板站在我朋友这边。后来，我朋友也得到了老板的公开支持，中层经理不再得势。在向大客户做产品推介的当口，中层经理突然缺席了，我朋友靠自己一个人完成了推介，并且做得很成功。

在整个聊天过程中，这位朋友都表现得很焦虑。她觉得现在的工作越来越难做了。

但我听到的，却是个截然不同的故事。"你还不明白吗？"我笑了。

"明白什么？"她问。

"这个人在给你让位啊。依我看，他很快就会成为历史，他的职位将属于你，你马上就要晋升了。新客户还是会让你负责这个项目。如果那个人不退出，会让你来做产品推介吗？"

"不会。"朋友还是有些摸不着头脑。

"你应该给他送花。"

她想了一会儿，接着笑着对我说："我从来没这么想过。"

"假如真是这样呢？"

生活和你想象的不一样，礼物有时并不一定放在系着丝带的礼品盒里，有些礼物甚至是带刺的。但那又怎么样呢？摘野玫瑰时，你会被刺伤，但你却收获了芬芳的花朵。

生活中，我们常常逆流而上，水流将我们冲向下游，我们却要力争上游。我们筋疲力尽，疲惫不堪，最终累得病倒了。而讽刺的是，我们想要的东西，其实并不在上游，而是在下游。有时，你需要做的，只不过是顺流而下。

生活不简单，但其实也很简单。
假如你明白了其中的规律，就容易多了。

就这么简单。

37
人生之旅

从女儿很小时候起,我就经常带着她们出门,寓教于乐。移动一块 10 吨重的巨石,要比改变它容易得多。每周五早晨,我都会送她们去上学。她们称其为一次"上学旅行",旅行的内容丰富多彩,充满了欢声笑语。最重要的是,要保持孩子们对旅行的期待。一次标准的上学旅程大致是这样的:去她们最喜欢的甜品店买糖果。她们会赛跑,看谁先到那里。每次去甜品店,她们都会尝试不同的糖果。

下一站是教堂。教堂里有许多流浪猫和鸽子,她们会给猫咪喂面包屑,确保每只得到的面包屑一样多,让它们全都高高兴兴的。每次她们抚摸猫咪,再扭头看我时,脸上总是充满了新奇和喜悦,就像她们从没做过这件事似的。她们还会和鸽子玩，向空中撒面包屑，让鸽子围着她们飞舞。

喂完猫和鸽子，她们会去教堂里面点蜡烛，把所有蜡烛排成一行，就像搭乐高积木一样。有时，她们还会将温热的蜡烛粘起来，做一个大蜡烛。就连亲吻圣像和闭眼祈祷时，她们都在开心地笑，仿佛笑容已经画在了脸上，洗都洗不掉。

旅行继续。她们冲回车上，有说有笑。车开到校门口，她们让我先下车，好将书包扔给我，像在玩接球游戏一样。不用说，接下来是比谁先跑进教室。

今年暑假，我们一起出去度假。酒店里有一个巨大的游泳池，一头是浅水区，另一头是深水区。她们先在浅水区里说笑，接着沿着陡坡沉入深水区。这个游戏她们百玩不厌，乐此不疲。

孩子不管做什么，总是笑声不断。对孩子而言，什么事情都很有趣，而孩子的笑也让事情变得更加有趣。有人说，孩子平均每天会笑 300 次，而成年人才 15 次。

我们不是因为长大而变老的。
我们是因为不笑才变老的。

孩子们懂得享受人生。

他们发现了生活的意义。他们不只是活着。

他们是在进行一趟人生之旅。

每天都是。

38
塑料瓶

床头柜上有个塑料瓶,瓶里还剩一点水,肯定是我随手放在那儿的。不知为何,我一直没有扔掉。或许是因为犯懒吧,或许也谈不上任何理由。

一天早上,我决定清理掉它,同样也没有什么具体原因。我将瓶里的水倒进花盆,将瓶子扔进垃圾桶。我永远忘不了那一天。毫不夸张地说,那是我人生中最成功的一天。我想到的事情都成真了,我制定的目标都达成了。我脑子里产生了一个强烈的信号,可能是这辈子最强烈的一次:决定我人生的是我,而非运气。我为自己的人生掌舵。我是在主动生活,而不是被动接受命运的安排。

下面,我要讲一个真实的故事。有一次,一

位名人正在演讲。面对台下上千名观众,他挥舞着一张百元大钞问道:"谁想要这100美元?"许多观众都举手了。他又问了一遍:"谁想要?"刚才没举手的观众也举手了。接着,他又问了第三遍。这次,一个观众走上台,从他手里拿走了这100美元。这就叫行动派。当演讲者问其他人为什么不上台来拿时,他们有各种各样的理由。有人说自己坐得太远了;有人说如果要上台,需要麻烦其他人站起来给他让道;还有人是因为害羞不敢上台。大家各有各的借口。越是聪明的人,借口也越合理。

行动的关键在于主动出击,即使你感到害怕或厌倦。行动是在不得不做出的事情上对抗自我。行动是去做你明显该做的事。做事不是光动嘴皮子,而是真的付诸行动。有些事情说起来容易,做起来难,此时行动就是闭上嘴。行动是每天早点起来,规划好你的一天。行动是全力以赴地工作,即便你觉得自己干得多,挣得少。行动是自己照顾好自己。

行动是过好你自己的人生,

不要无所事事，浪费光阴。

对于你来说，行动可能是用跑步机健身，而不是拿它晒衣服；或者给一个很久不联系的朋友打电话；或者拿出衣柜里那件已经布满灰尘的、没有织完的毛衣，继续把它织完。

不论它具体是什么，你都得从小事做起，最好从那些人们觉得无关紧要的事情开始。

如果你想改变世界，那就从扔掉塑料瓶开始。这样，你就可以赢得一天中的第一场胜利。你会为自己骄傲，进而获得第二场、第三场胜利。你会明白，千里之行，始于足下。如果连小事都做不好，根本不可能做成大事。

那个塑料瓶就是帮你更上一层楼的动力。

那个塑料瓶就是你的人生。

39
祝您一周都有好心情！

周一早上，我被堵在了路上。GPS提示，我将迟到一两分钟。我是个不管去哪儿，不提前10分钟到场就会难受的人，所以这时的我已经快急疯了。穿梭在车流中的小贩不是在车窗外兜售小商品，就是塞传单。我关上车窗，想图个清静。

这时，一个女人大步向我走来，就像热浪中的一丝清风。我不知道她是什么人，也看不清她的长相。等她再走近点，我才看清楚。她穿着牛仔裤，衬衣刚熨过，头发梳成一个马尾，非常利落。她是个大高个儿，长得挺结实，算不上漂亮，至少从外表看不算，她的笑容却非常迷人。她趁着堵车，正在给车子里的人发传单。

轮到我了。她俯身将一张传单轻轻塞进我的车窗。她的笑容比我想象中的更迷人，她的温暖和真诚也随着传单一起进入了车厢。而最棒的是，她紧接着说了句："祝您一周都有好心情！"我坐在车里，有些吃惊地看着她。关键并不在于她说了什么，而在于她说话的方式。我觉得，虽然我没说出来，但她已经让我的这一周变得与众不同了。

谁都不是天生的赢家。努力才能成为赢家。

重点不在于你做了什么，而在于你怎么做。成功不是终点，成功是你在通向成功的过程中所做的事情。如果你在高速路上开车，成功就是你经过的每一条隧道。成功还是你每天早上的闹钟，你喝的每一杯咖啡，你的每一次微笑。"内容"不重要，"方式"才重要。

像赢家一样开车，握住方向盘，保持自己的车道，变道时打转向灯。你才是决定方向和终点的人，这一点不容商量。不论你是医生、老师还是拾荒者，都应该像赢家一样，把握自己的人生方向，把握每一秒的人生。就像那个发传单的年轻女人。我敢打赌，那份工作她不会干多久，因为她注定会得到更好的工作。

  事实上,就这件事而言,她已经做得比其他人好了。

40
人生有规律可言吗

有,人生是有规律的。

如果你想骗自己,认为没有规律,那是你的事。

但如果没有水,你就煮不熟意大利面,无论你多努力。

人活着是为了幸福。

幸福来自内心。
当你分享幸福时,幸福就会被放大。
能为别人的幸福而感到开心,是一种福气。

照顾好你自己。

喜欢什么就种什么，好好照料便是。

有不喜欢的枝丫，修剪掉便是。

你是自己人生的园丁。不需要让别人来指手画脚。

只想得第一的人会很痛苦。

成功是一回事，幸福又是另外一回事。记得分享。

如果你内心空虚，就算拥有全世界的宫殿也无济于事。

自己骗不了自己。

别人或许能骗到你。

但你无法逃避自己。

不论清醒还是做梦，你们都形影不离。

人间既是天堂，也是地狱。

生活包罗万象。有个朋友曾说过：

"地狱里有一口锅,里面装满了食物,可是勺子太长,就是吃不到嘴里。

"天堂里的勺子也长,但那里的人们懂得相互喂饭。"

逃避失败,就是逃避人生。

不摔跤就学不会骑车。你犯的错都会变成你的经验。

努力就有回报。

苦练上千个小时,你就能成为专家,但大多数人只练了 10 个小时就放弃了。

别人得到了你想要的结果,不光是因为他们有关系,还因为他们实打实的努力。

你也脚踏实地去奋斗吧。

没有运气这种东西。

运气是指你什么都没做,就得到了想要的

结果。

你其实是在听天由命。

运气只是一种借口。忘掉它吧。

不断前进。

不论你喜欢与否,宇宙就是这样运行的。就像骑自行车,不前进就会摔倒。

没有静止不动的自行车,除非有脚撑。

而自行车长期不骑,是会生锈的。

你的信仰就是你的根。

你选择自己愿意相信的,当作信仰。

不论信上帝、穆罕默德、佛祖还是自己。

人一定要有信仰。

否则,第一阵风刚吹过来,你就动摇了。

你的意见,别人未必接受。

如果你的意见是提给别人的,这就是问题。

学着改变自己的想法吧。

生活就是你与自我的关系。

你的自我住在你心里。

如果心里的那个你不开心,你到哪儿都不会开心,哪怕是天堂。

金钱意味着选择。

如果你是坏人,你会用钱作恶。

如果你是好人,你会用钱行善。金钱不是问题。

没有钱也不是问题。

没有想法才是。

生活不欠你什么。

生活并不公平。或者说,生活其实是公平的。

它不会为你提供你需要的,或者你想要的。

它会给你提供你应得的、你挣得的,还有你

征服的。

最大的风险就是不敢冒险。

如果你不敢冒险,则败局已定。
你已入死地,而不自知。
本杰明·富兰克林说过:"有的人其实25岁就死了,只不过75岁才入土。"

你是唯一能决定自己命运的人。

别试图改变其他人,包括你的子女。那是操控。
只有一种方法可以改变他们。
那就是先改变你自己。

种瓜得瓜,种豆得豆。

假如不喜欢地里种的粮食,那就换其他的种。
你不能种下西红柿种子,却指望长出黄瓜来。

人是人，不是树。

人是会动的。

我们在社交媒体上装作很上进的样子，生活中却没有。

其实，一个瞬间，就足以改变一切。

只要你真的想，并能付诸行动。

人生是有尽头的。

人生只有短短 1000 个月。千万别浪费。

你长了两只耳朵一张嘴。

它们不该是白长的。

孩子不是你的附属品。

他们属于他们自己。

早些明白这一点，不仅能挽救你的一生，也能挽救孩子的一生。

控制好自己的脾气。

你的愤怒只会伤害自己,而伤害不到别人。
孔子说过:"攻乎异端,斯害己也。"

快乐无法保存。

快乐稍纵即逝。
你得设法让每天的快乐都新鲜。

你讲的故事就是你的人生。

改变你讲的内容,就能改变你的人生。
如果你不喜欢现在的生活,那就讲一个新故事。纸和笔都在你手中。

决定你命运的人是你自己。

相同的风吹过每个人,重要的是你如何控制风帆。大展身手吧。

如果不争取，只能一无所得。

如果你想得到，努力争取吧。
如果你想抱怨，一吐为快吧。

越见过世面，越明白自己的无知。

苏格拉底是史上最伟大的哲学家之一，他曾说过："我知道自己一无所知。"
他肯定是活明白了的。

活在当下。

人只能把握当下。
别让光阴虚度。
昨天和明天只存在于你的想象中。

生活不是复印机。

别去模仿别人的生活。
过好你自己的。

有付出就有回报。

有时候，收获会在你意想不到的时候到来。
人生就像一个账簿，收入和支出总是平衡的。

自由是你自己的私事。

有些人被囚禁在他们的财富中，曼德拉却在监狱中享受着他的自由。
你就是典狱长，你可以解放自己。

千里之行，始于足下。

迈出第一步吧，今天就走，别等到明天。

爱就是一切。

41
五块钱

一周中,我最钟爱周二和周四。这两天我会去接女儿放学,然后带她们出去玩。她们想玩什么都可以,每次的花样都不一样,总有层出不穷的小惊喜。小女儿放学早,趁着等姐姐的工夫,她便和小伙伴们一起做游戏,猜谜语。

学校的管理员我以前也见过,满头白发,长着一张轮廓分明的脸,是个踏实肯干的人。每当我们遇到困难,他总会热心帮忙。不过,我不知道他叫啥,他也不知道我的名字。

我正和孩子们踢球时,他跑过来问我:"这是你的钱吗?"

"什么?"

"我捡到 5 欧元,是你掉的吗?"

"不是我的。"我答得不假思索,继续踢球去了。

"那好吧，我把钱交到办公室。"

我突然意识到，他是在拾金不昧，便有意和孩子们聊起了这件事。我试图跟孩子们解释这个人的可贵之处。他不是个有钱人，自然拥有1万种理由，将钱神不知鬼不觉地装进自己的腰包，可他却选择交公，将钱物归原主。

他之所以这样做，是为了自己夜里能睡得踏实，不昧良心，有脸面对这些孩子。后来，我特地回去找到了他。

"你叫什么名字？"

"斯皮罗斯。"他心存戒备地说。

"恭喜你，斯皮罗斯。"

"恭喜我什么？"他没听懂。

"恭喜你做了好事。"

"我做啥了？"

"交出了那5块钱。"

"那本来就不是我的钱。"他还是感到迷惑。

这样的人才是真正的英雄。
正是他们教会了我们，
什么是人生的真谛。

42
磨刀不误砍柴工

小学六年级时,我遇到了我人生中的第一个导师。他就是我的希腊语老师。有一次,我去他位于比雷埃夫斯港的家做客。他家里堆满了书,把墙挡得一点都不剩,就像一张珍贵的墙纸。屋子里满是书香,只有书海才能散发出这种味道。多年之后,我在一个朋友的办公室里再次闻到了这种书香。他是一个图书经纪人,有上万本藏书,一下就让我回想起我的老师。

是老师改变了我的人生。从六年级到高中毕业,他一直教我们作文课。这门课并不是教大家如何写文章,而是教我们人生的道理。每个学年结束,他都会给我们推荐十几本图书,让我们趁暑假阅读。盛夏的午后,窗外飘进来阵阵茉莉花香。我关上百叶窗,在凉爽的屋中,如饥似渴地读着这些书。每天下午，我都在奇妙的书海中遨游。只有当朋友喊我去踢球时，我才舍得与它们分开一小段时间，等到第二天下午再继续。

在整个成长过程中，我一直沉浸在浩瀚的书海之中，甘之如饴。书就是我的精神食粮。我宁愿忍受物质世界的匮乏，也不愿意忍受精神世界的贫瘠。如今，书已经不局限于纸质版本了，还有电子书和有声书。虽然这些书没有书香，但依旧充满着神奇的魔力。

与初读一本书时相比，读完之后的你，已经变成另外一个人了。

你变得更成熟、更睿智、更好了。书籍能让你的思想自由翱翔，不断延展。书籍让你着迷，教你坚持学习，直到生命中的最后一天。

如果你认字却不读书，那还不如不认字。可悲的是，不读书的人有很多。在人生的某处，他们停止了学习，也停止了进步。

他们拼命地来回奔波，精疲力竭。你对他们说："嘿，放轻松。好好想想，换一个赛道。多读些书，了解更多知识。多尝试新鲜事物，不断进步。"

可他们却说："我没空啊。"他们没空读书，却有足够的时间看电视。

从前，一个樵夫和他的朋友一起砍柴。樵夫用力地挥舞着柴刀，虽然已用尽全力，却根本砍不动，因为柴刀已经生锈了。但他还是继续砍了几个小时。

"喂，你得先把柴刀磨快点。"

"我没空啊。"樵夫说道。

其实，你永远都能挤出磨刀的时间。

43
自命不凡夫人

几年前,我和朋友约在雅典近郊富人区的一家餐厅吃饭。我照例提前了 10 分钟到达餐厅。坐下后,我开始观察四周的客人。

隔壁桌坐着一位 50 来岁的女士,一看就是那种有钱又有闲的贵妇人。她坐在那儿,高昂着头,一副冷漠清高的样子。英国人管她这样的傲慢女人叫"自命不凡夫人"。她从头到脚都是名牌,一身行头至少值几千美元。她一看就是那种自私的人,只关心自己的房子、车子和孩子。

这时,一个卖彩票的小贩走进了餐厅,大概 80 多岁,长得又高又瘦,拄着拐杖,佝偻着背。他朝"自命不凡夫人"走去。我猜到他打算做什么,也知道"自命不凡夫人"肯定会拒绝,于是静观其变。

可让我意外的是,"自命不凡夫人"居然特地站起身来欢迎他,还拉出一把椅子,请他坐下。小贩显然很惊讶,我也一样。他坐下后,她倒了一杯水递给他。他接过水,喝了一口,连连道谢。她又递过一本菜单,要请他吃饭。他再次感谢她的好意,但将菜单推了回去,整个人不知所措。他们交谈了几句,但内容我听不清。接着,我看见他给了她一把彩票,数量可不少,一张接一张地递给她。看来,他至少有一半的彩票都被她买了。

再后来,他们俩都站了起来。"自命不凡夫人"一直将小贩送到门口,他笑得连嘴都合不拢了,一边走出门口,一边摇着头,一副难以置信的表情。而她比他还要高兴。

我也笑了,以此来掩饰自己心中的波澜。现在,让我看不顺眼的不再是这位优雅的女士,而是我自己。她给我上了宝贵的一课。

不要对别人妄加评判。
要多看多学。

瞧,评判他人和自我提升是互斥的。
就像油和水一样。

44
冲厕所

我在一家餐厅吃了很多年了。我也不知道自己一直去那里吃饭,是因为饭菜好吃、环境温馨,还是因为它常常带给我一些思考,又或者这些原因兼而有之。但我能肯定的是,和陌生人一起吃饭,会让我觉得与他们产生了联系。

我经常去那里吃饭,只为犒劳自己。那里饭菜好吃不贵。我可以自己决定坐在哪儿、点什么菜,一切都取决于我的心情和当时的情况。

今天,我想吃酿蔬菜,这道菜与羊奶干酪是绝配。所以我也点了羊奶干酪。我细嚼慢咽,品尝着每一口菜的滋味。环顾四周,一片岁月静好。我倾听着内心的声音,感觉无比平静。

吃完饭后,我去了趟洗手间。隔间的门虚掩着,能看见里面有人。过了一会儿,一个留着胡子的大高个儿从里面走出来。他冲我笑笑，略显尴尬，我也微笑着回应他。

我走了进去，发现他没冲厕所。我很讨厌这种行为。我开始思考，假如他冲了厕所，今天余下的时光，或者说他余下的人生，会不会不一样。

我们总是在一边忙工作一边过日子，往往意识不到我们的选择会带来怎样的后果。要知道，我们选择做或不做的事情，决定着我们是什么样的人，即便这些事情微不足道。

你的人生，取决于你独处时的作为。
君子慎独。

你可以愚弄任何人，但不能愚弄自己，一定要打心眼儿里认可自己，这一点至关重要：不要只看湖面，只盯着石头溅起的涟漪，要关注湖底，关注石头最终落下的地方。

要让世界变得比你来时更美好，首先就要让自己成为一个更好的人。尽量去当一个好人。这两者是相辅相成的。

你可能会说，"不冲厕所也能活"。你说得没错。但问题在于，这样的生活品质会高吗？你当然能有所成就。但问题在于，这样的成就会有多大？如果你只是想过条马路，那没问题。但如果你想登上山顶，那么，你必须吃更多的苦，付出更多的努力才行。想要登上众山之顶，你必须先登上自己的山顶，你内心的那座山。

　　要登上自己内心的那座山，你就必须做到冲厕所，我的朋友。

45
生日

生活常常令人昏昏欲睡。我们就像机器人一样，每天起床、上班、工作，既不去思考，也不去感受，偶尔与人交谈几句，看看电视，或者在社交媒体上放松一下，剩下的就是上床睡觉。等闹钟响了，重复的一天就又开始了。但是，生活中也不乏一些特殊的日子，让我们感觉重生，仿佛又活过来了，例如生日、假日、节日、新年，等等，当然还有你最爱的球队的夺冠之日。

在这些日子里，我们会一窝蜂地跑到脸书上分享：滴！滴！到处都在堵车，到处都是欢呼的人群，照片中全是笑脸，朋友的祝愿、赞美与祝福满天飞，俨然是一场盛大的庆典。然而，这一切仅维持了一天而已，紧接着就销声匿迹了，就像蝴蝶飞走了似的。

一到午夜12点，一切都会被打回原形。就像灰姑娘脱掉了水晶鞋，重新穿回破衣裳。打开电视新闻，里面全是悲观与失望，愁云密布。要是赶上个阴天，观感就更差了，简直与送葬队伍无异。

上学时我们就知道，一年有365天。但我们不知道的是，每一天都是一份礼物，每天都是生日。生日在你的心里，不在日历上。将每一天都当成一份礼物，打开它，享受它吧。

等到你后悔时，往往就来不及了：那些你没经历的快乐，没分享的爱，没收到的感激，没发现的美好，还有没去帮的忙。

缺失的一切其实一直都在，只是你的心不在这上面。只有在生日或其他特殊日子时，你才会去敲开它们的门。其实在门内，它们早就等你等得不耐烦了。

从前，有一位印度王子。他明白，每天都是一场庆典。为了不让自己忘记这一点，他让仆人天天提醒自己。每天清晨醒来，他会躺进一口棺材，让仆人们为他诵经。等仪式结束之后，他再从棺材里出来，开启快乐的一天。他的人生是为自己活的，每一天都是。

只有在濒临死亡时，
你才能明白活着的意义。

从现在起，过好你的每一天吧。
把每一天都当作生日来过。

46
上帝之手

我已经出离愤怒了,不停地在手机上打字,就像在战场上发射连珠炮一样,每个字都是一颗子弹。如此之长的骂人信息,都不足以宣泄我的怒火。发出之前,我反复读了好几遍。与其说是在检查,不如说在品味,一遍又一遍。该"发送"了,我按下了发送键。我的手机是4G的,信号满格,网络绝对没问题。

可不知为何,手机上却出现了一个鲜红的叉,这条信息并没有顺利发出。

那就再发一次吧。手指悬在发送键上,我却迟疑了。要是在以前,我会毫不犹豫地按下去。可是现在,心里的声音在劝我别发了。我仿佛被一只看不见的手给拦住了,这才有了片刻思考的时间。每当我愤怒的时候,这只手总会及时拦住我，不许我冲动。

于是我又仔细想了想，把所有的后果都想了一遍。假如我将这条信息发出去，那将是一个巨大的错误。

说出去的话就像泼出去的水，是收不回来的。

如果你发了那条信息，就算手机关机，电池拔出，也没法撤回了。它就像发射出去的火箭一样，回不了头了。

我怔怔地坐在那儿。发这种骂人的信息多幼稚啊。要是真的发出去，后果就难以挽回了。我无非是想逼对方给一个答案，结果却导致了一场无休止的战争，最终只会两败俱伤。事后的任何补救，也都将是徒劳的。

幸亏那只无形的手保护了我。虽然我不知道它从何而来，但我保证，今后一定会听从它的劝告。

小时候，奶奶给我讲过"上帝之手"的故事。她想说的大概就是这个意思吧。

奶奶说得太对了！

47
谋定而后动

试想一下,你正在打网球,对手给你发了一个快球。如果你没接住,对手得分。但你奋力向球的方向跑去,都快冲到观众席上了,好不容易在最后一秒接住了球,狠狠将球打了回去,可惜动作有些失控。对手以牙还牙,这次球速更快了。于是,双方开始对拉,持续上演着疯狂对战。

你的身边还有同伴。他们被激怒了,说了一些难听的话。你没有一笑了之,而是继续疯狂奔跑,把球打回去。对手快速回击。一局打完,你们都筋疲力尽,心中充满了愤怒。你不想看见他们,而他们也不想看见你。

在办公室、大街上和银行里,相同的故事正在上演。

耶稣那句名言——"有人打你的右脸,那

就把另一边也转过来由他打"——说的就是这种情况。

老一辈人常说："开口说话之前，先数十个数。"

我曾经在书上读到过，"responsible"（负责任的）这个词是由"able"（有能力）和"to respond"（进行回应）这两层意思组成的。只有动物，才会一味重复相同的动作。

一场比赛中，有时该你发球，有时该你接球；有时你应该等球出界；有时你应该奋力反击；有时可以趁球未落地就回击；有时需要等球落地之后再打才更好；有时击球的力道要大一些；有时轻推一下就可以；有时适合近网放短；有时适合打中场球；有时，你应该向对手表示祝贺，和他们聊上两句；有时，你也可以置之不理，随他们去。

学会用正确的方式打球，就像处理生活中的问题一样。

如果你想参加网球锦标赛，这些话记得照做。

48
超人父亲

登机时，我对他毫无印象，等他转身看孩子时，我才注意到他。他不是简单地转头看，而是为了看得更清楚一些，将整个身子都转向了后面。我觉得他转身的幅度太大了，但确实很贴心。

他大概40多岁，头发渐白，戴着一副窄框眼镜，穿着经典的POLO衫，领子立着，一副学院派打扮。他的目光仿佛有一种魔力，充满了爱意与温暖，不多不少，刚好让孩子们感到安心。他那温柔的眼神透着怜爱。每次转过身去，他不只是看孩子，而是用目光安抚孩子，满眼的关心与慈爱。最重要的是，那眼神里还有尊重。

他并非要检查或掌控孩子，而是想听听他们在说什么，不会打扰他们，也不会闯入他们的私人领地。大多数情况下，孩子会主动向他提问，就像年轻人请教导师或尊敬的长辈一样。他会静静地聆听，不去打断，也不脱口而出草率的答案。他不会掩饰自己的困惑，常常低下头，沉思一阵子。我悄悄地观察着这位超人父亲，忍不住想对他竖大拇指。

听孩子们聊了一会儿之后，他站起身来，走向机尾，经过我的座位时，留下一阵香气。起身时，他还轻捋几下头发，依旧是那样恰到好处。

晚饭时分，他们都点的素食。他顾不上自己吃饭，先满足孩子们的需求，就像在家招待贵客一样周到。有一个孩子看见有乘客在吃意大利面，就对爸爸说他也想吃。超人父亲听后笑了，礼貌地询问空姐是否还有意大利面。空姐说要等等，等给所有乘客都发完后，才知道有没有多的。他向焦急等待的孩子解释了几句，等空姐发完最后一排乘客的晚餐之后，再次上前委婉地询问。结果，意大利面已经发完了。

他空手回到自己的座位，解释给孩子听，就像在通知最重要的头等舱乘客似的。他摸了摸孩子的头，闭着眼在孩子脸颊轻吻了一下。

他不是那种常见的父亲。在他身上，似乎有

块看不见的磁铁,将孩子们深深吸在自己身边。他的眼神有安抚人心的魔力,孩子们在他隐形的羽翼之下,得到了很好的保护。

这种好父亲现在已经不多了。我觉得,我们对此负有责任,因为我们常常会忽视父母的重要性。

> 我们总是强迫孩子去融入我们的世界,
> 而不去主动融入他们的世界。

我们总是做不到平等地对待孩子,总用父母的身份压他们,就像在军队里那样。我们对孩子大吼大叫,却不去聆听他们在说什么。就算陪在他们身边,我们也是失职的。我们迷失在自己的想法里,自顾自地耍着小聪明。

坐飞机的那天,我突然领悟到,当好父母实在太重要了。那个超人父亲提醒了我。

那个领子立着、目光温柔的超人父亲。

49
愿上帝与你同在

车子一拐过去，我就用余光看见了角落里的他。他坐在工厂旁边，身形肥胖，衣服很脏，一副劳累了一整天精疲力竭的模样。车上只有我一个人，所以我停下来，看看他是否需要搭顺风车。每次我去岛上都愿意搭载路人。他们总是有一些故事和经历与你分享，而且总是满脸笑容。每次与他们相处之后，我都会发现自己变得更好了。

"你去哪儿？"去阿莫戈斯岛（Amorgos）只有这一条路，所以他的回答并不重要。

"卡马利镇。"他答道。他比看起来要更胖一些，好不容易才挤进了副驾驶的座位。他没心情聊天。一个干了8个小时体力活的人，哪会有什么心情聊天？车里响起了安全带的报警声。

"你得系上安全带。"我对他说。他没理我。

报警的声音越来越大,尴尬继续上演。大概三四分钟后,报警声终于停了,车厢里恢复了安静。

"你住在这附近吗?"

"是的。"

"卡马利镇?"

"对。"

"冬天岛上人多吗?"这个问题打开了他的话匣子。他告诉我,岛上的常住居民大概有1500人,镇上有学校,校车会四处接送孩子上下学,他自己在废品回收厂工作。其间,他也不失礼貌地露出过几次笑容。

分享就是一切。

打开心门,让别人进来。与人交流,产生联系。这种联系让你变成真正的人。留意他人脸上的笑容,尤其是陌生人的笑容。那笑容就像清晨天边乍泄的霞光,似乎能点亮整个宇宙,还有你的心。

神经科学已经证明了"善意效应"(kindness effect),也就是以前我们常说的"好人有好报"。

人应该多关心周围的人，给别人带来惊喜，多对陌生人说好话，帮助需要帮助的人。反过来，做好事会让人产生多巴胺。这是一种能激发幸福感、快乐和灵感的激素，让人自我感觉良好，与他人融洽相处，与自己和解。可见，这两者是相辅相成的。

一路上，我听着可爱的回收厂工人给我讲阿莫戈斯岛上的事儿。不知不觉中，我们到达了目的地。我向他道别。而他，把最好的留在了最后。

"愿上帝与你同在，孩子！"说完便关上门走了。

我坐在车里，望着他背包前行的身影，直到他消失不见。我的双眼湿润了。

感恩。

50
餐馆

每到午饭时间,我都会非常饿。这天,还不到中午,我已经开车来到了我最喜欢的这家餐馆。

推开古朴的木门,我走进餐馆。里面食客并不多,服务员对我笑脸相迎。我找了张靠墙的桌子,我喜欢坐在靠墙的位子,观察周围的客人。

窗边的那桌,坐着一个50来岁的男人。他低头喝着汤,喝得很专心,丝毫未被周围的环境所打扰。他的面包、勺子,还有他的所有心思,全都在那碗汤上。

在我的对面,坐着一位70来岁的老人,乐呵呵的,穿着一件红色T恤,显得非常年轻。岁月在他的脸上刻下了永恒的笑容。微笑之真诚,足以照亮一切。他认识所有的服务员,和每个人都能拉上几句家常。那些服务员像蜜蜂一样,在他桌子周围忙碌着。他连点扁豆汤时也在微笑，仿佛这是他的第一次约会。

过了一会儿，一对朋友走进餐馆，找了张前排的桌子坐下，看起来那是他们的固定座位。能吃到美味的家乡菜，他俩很开心。所有人都是因为这一点才来这家餐馆吃饭的。但让我感到惊讶的是，服务员并未询问，就直接给他们端来了两瓶啤酒。看来，这是他们每次必点的。这就是我很喜欢这里的原因，这里的五星级服务是很走心的。

我点的菜也上了。我一边吃，一边继续观察周围的人。他们让我感到温暖，每一个都是：那个专心喝汤的客人，那个穿红色 T 恤、永远年轻的老人，还有那两个点啤酒的朋友。他们好像都是老相识似的。

我们的桌子在同一排，所以我能很清楚地观察到他们。不经意间，他们也注意到了我。当然，那个专心喝汤的客人是个例外。我们没有交谈，只有过几次对视，意味深长的对视。

虽然我们彼此不认识，却在一起共进午餐。我们似乎正围着同一张桌子吃饭，享受着各自嘴里的每一口食物。喝汤的客人最先离开。接着，那对朋友又点了两瓶啤酒。"年轻"老头的扁豆汤也快喝完了。

我是第二个吃完的。推开木门，我向服务员一一告别，也向所有一起吃饭的食客默默告别。我可能再也不会遇见他们了，但这一小群人却温暖了我一整天。这是让人难以忘怀的画面。经过窗户时，我扭头看了他们最后一眼，将这一刻记在了心里。在前面不远处的车站，刚才喝汤的那位正在等车。我在心里向他道了个别，然后去取车。今天，我就像原本准备独自出去吃饭，却意外地碰见了一群朋友。

一群你在人生旅途中结交的朋友。

51
乌龙球

我喜欢沃利亚格梅尼(Vouliagmeni),尤其是这里的冬天。因为此时,在这片雅典近郊的海滩,人会比平时少一些,风景的色彩也与平日里不同。仿佛老天也在给这里的风景修图:今天的天空灰一点,明天的海水蓝一点。而且,这款修图软件还可以处理声音、气味和风,保证每次都让人有截然不同的体验。

有时候,其他人会走进这幅画面。假如你能接受他们的乱入,你就能继续享受眼前的风景。和许多人一样,我曾经很讨厌拍照片的时候有其他人闯进镜头。但现在,我只是看着他们,有时候还会联想到其他事情。

一个星期天的下午,我走在沃利亚格梅尼的大街上。一对情侣刚刚停好车,准备去散步。他们很快就生气了。虽然并非故意为之，但有些事情会习惯成自然，进而变成一种负担，导致你无缘无故烦躁起来。

那个男人从驾驶座下车，脸上一副不耐烦的表情。"看看，这浑蛋把车停在哪里了。"他生气地说。他的女朋友看向那辆"闯祸"的车，我也看了看，都没发现问题在哪儿。停在他前面的那辆车稍稍遮住了垃圾桶。好吧，这车的确停得不算好，但我见过比这更糟糕的。它并没有停在车库出口或挡住另一辆车。我逗留在那里看了一会儿，没发现别的毛病。

我们总是花太多时间去管别人的事情。专家所说的能量，是你拥有的最重要的东西，甚至比你的健康还要重要，因为能量决定着你的健康。有些事情我们能够控制，那我们就应该全力以赴。然而，我们经常选择把精力浪费在那些无法控制的事情上，大发牢骚，说三道四。这就是我们做得不对的地方。

我继续向前走，心里还想着刚才那对情侣。那个男人不仅毁掉了自己一天的好心情，还毁掉了他女友的。他浪费了自己的能量。谁知道他一天会像这样浪费几次？如果他是个守门员，一定是会踢乌龙球的那种。

有一天，他会看着镜子里的自己，然后说："看看这浑蛋。"口气依然是那样愤愤不平。

当我们意识不到自己的问题时，就容易丢球。

将能量用错了地方，我们就会一败涂地，失去快乐、胃口，还有生活。那就真是太可惜了。

在足球场上，人们称之为"乌龙球"。

52
生活的艺术

我腾出时间，晚上接两个女儿出去玩。今天并非轮到我陪她们，但是我与前妻往往会有一方临时有事，今天就是这样。唯一的区别在于，小女儿今天肚子疼，所以不能带她出来。

我只接了大女儿。每次我们在学期中见面时，老是觉得想做的事情太多，相处的时间太少，放暑假时就从容多了。

我们决定去格利法达（Glyfada）的海滨郊区散散步。我们没有具体计划，走到哪儿算哪儿。假如你不是天天和孩子在一起，你会学会利用好与他们相处的每一分钟，甚至每一秒钟。

商店还都开着门，所以停车位很难找。我们便打算找停车场停车。第一家已经满了，第二家还剩一个半小时就该和商场一起关门了。我们很可能无法在关门之前赶回来。很快，我们就想到了一个好办法。我们找了一位服务员，拜托他如果看到停车场外有车位，就帮我们把车停好，再把车钥匙放在约定的地方。我把手机号码给了他，这样，他就能打电话告诉我车停在哪儿。我和女儿商量了一下，给了他一笔可观的小费。这是我们今晚取得的第一次胜利。

我们去了电影院。女儿最近一直沉迷于动漫人物"神奇女侠"，又恰逢真人版《神奇女侠》上演，我便劝她看这部，也想借机了解这位超级英雄的故事。可她偏偏对真人版不感兴趣，我也只好作罢。我们继续逛街，去买冰激凌。我俩争论着，到底是买单球还是双球，我压根儿就没想过要赢她。后来，我们还是买了双球。接着，我们去了公园，可公园已经关了好几个月了。我们也想过像上次那样从栅栏翻进去，但公园的保安让我们打消了这个念头。

我们一边大口吃着冰激凌，一边开始了下一段冒险。格利法达的校园操场是个好去处。我们走进操场，看见一群男孩正在踢球。我们相互传了几脚球，接着便和其他人一起走进了教学楼。

远处传来了音乐的旋律,让我们有点意外。在一个角落的房间里,一个中年合唱团正在团长的带领下唱歌。

他们唱的都是老歌,伴奏里能听到小提琴的声音。我们不禁在门外驻足欣赏,他们的歌声太美了!团长在屋里瞥见了我们,却并不理会,完全投入到了合唱之中。这才是我们一直寻找的感觉。

离开学校,我们感觉浑身充满了活力。女儿想回车里取滑板车。此时,另一个惊喜正等着我们。刚走到停车场,我们就在外面的空地上看到了自己的车。我们拿了车钥匙,然后取了滑板车,一切都非常顺利!

我们继续漫无目的地走着,无意间路过一家新开的小吃店,里面有咖啡、果干和坚果供应。我点了枣果干和苹果干,味道非常好,所以我又多买了两份打包。女儿对此毫无兴趣:"我不吃水果干。"还没等我开口让她尝尝,她就先堵住了我的嘴,接着莞尔一笑,去玩她的滑板车了。

路遇一个大下坡,我俩加快了速度,有两三次差点儿撞到了人,好在最后有惊无险。

继续向前，我们碰到了一个卖手工饰品的小贩。女儿看上了一个淡草绿色的绒球，价格2欧元。她知道妹妹一直想要这样的绒球，也知道妹妹最喜欢浅草绿色。她一看到它，就眼前一亮。"我会把它放在妹妹的床边，她早上一睁眼就能看见。"她踏上滑板车，欢快地吹着口哨。

这时，我们俩都想上厕所了。不远处刚好有家三明治店。我们进去买了一瓶冰水，借用了店里的洗手间。有个男人排在我们前面，引起了我的注意。他在进洗手间之前先洗了手，不知道是何用意。

接下来，我们准备去女儿最喜欢的一家乐高店。店主是一个专门收集限量款乐高玩具的资深玩家。我知道，带女儿去那家店，钱肯定不会少花，但我还是同意了。因为我知道，那家店快关门了。我们到那里时，店主正要锁门。"哎呀，真可惜！"我说道。

女儿会心一笑，说道："没关系，我们可以去那家有电梯的大玩具店。"我们加快了脚步，争取在关门之前赶到。我知道，这次好运不会再降临了，因为那家店晚上9点才关门。我们到得很及时。女儿直接走向乐高柜台，挑中了一款引人注目的积木大套装，不过我并没有当场买给她，而是承诺以后再买，糊弄过去了。

几个朋友陆续给我打来电话。我本来想邀请他们带孩子一起来吃晚饭，不凑巧的是，他们都有各自的计划，来不了了。这让我心里反而有些高兴。因为这意味着，我可以和女儿单独去那家我们最钟爱的餐厅享用晚餐。

我们来到了那家餐厅，灯光昏暗，我们享受着这个初夏的夜晚。店里基本上坐满了，不过我们还是找到了一张有双人沙发的餐桌。我和女儿并排坐着，点了汽水，还有我们最爱的原味意大利面。我还点了杯酒，来庆祝这个时刻。我们猜谜语，讲笑话，无所不谈，开心极了，像是一对情侣，心满意足。服务员过来提醒我们，带了一路的滑板车已经溜到餐厅的另一头了。我们俩忍俊不禁，过去将滑板车推回来停好。菜端上来了，女儿要我喂她。要是在过去，我肯定会发两句牢骚。但现在我不会了。因为我知道，这样的瞬间弥足珍贵。我愿意让女儿领着我，走进她的魔法世界。

付账时，照例由女儿来输入银行卡的密码。她觉得，我还能帮上最后一个忙。"爸爸，举高高！"她说。她的意思是，让我把她扛在肩上，玩"骑大马"的游戏。她小时候我们经常这么玩，只不过，现在她比小时候要重得多，而且我们离停车的地方还有 300 米左右。可我不忍拒绝她，还是一口气将她扛到了肩上。她抓着我的耳朵，就像马车夫抓住缰绳。这让我有点痛，但我从中获得了快乐。我们的样子一定很壮观：我一手拿着她的滑板车，另一只手拎着购物袋，还有女儿骑在肩膀上。区区 300 米的路，却漫长到似乎怎么也走不完。不过，一路上我们都在哈哈大笑，想象着假如我摔倒了，滑板车、半瓶水、浅草绿色的绒球，还有她不想吃的果干散落一地的样子。女儿笑的时候，我的后脖颈能明显感受到她肚子的颤动。这是 300 米长的纯粹快乐。等我们到了车上，我的脖子已经麻了，心里却非常满足。

在车上，我们的话并不多，此时无声胜有声。我开车把她送到前妻家。她准备下车时，给了我一个有史以来最紧的拥抱，然后闭上眼睛，在车里和我脸挨脸贴了几秒钟。我吻了她一下，看着她走向家门。就在她跨入大门的那一刻，她回头看了我最后一眼，满心欢喜。

这大概是我这辈子最幸福的一天了。你可能会说我们的相处平淡无奇，但对我来说，这是我的一切。我花了很长时间，付出了很多努力，经受了很多痛苦，才学会了主动去生活，去体会生活的艺术。现在我明白了，这样的瞬间不会再回来了，当下才是唯一的存在。

情感是唯一的真相和财富。

我知道我爱自己的孩子，爱全世界所有的孩子，爱他们现在的样子，他们除了做自己，不需要做任何事情；我知道如何享受当下，谁都不能保证，明天的我还会不会活着。

那只是一个短暂的夜晚，但对我来说，那就是一生。

感恩生活。

53
小小的乌云

他们无处不在：汽车里，地铁里，大街上。他们行动缓慢，毫无生气，仿佛是上了弦的发条玩具，垂着头，看着手里的手机。假如他们年纪尚小，通常还会戴个耳机。他们仿佛是电视剧《黑镜》中的人。地铁上，他们看上去就像送葬队伍。如果碰到星期一或坏天气，或者两种情况同时发生，他们看上去就更忧郁了。千万别撞到他们，否则你会有麻烦的。

他们何其不幸，每个大城市都有他们的身影。他们眼睛盯着手机，手指不停在屏幕上划来划去，耳朵上几乎都戴着耳机，恰似一场乌云压顶的游行。每个人的头上都悬着一片小小的乌云，如影随形，比狗更忠诚。在楼梯上，电梯里，车里，随处可见。天空某处，小小的乌云积少成多，形成了一片巨大的黑云。你可以称之为"情感迷雾"。这种迷雾是有毒的，比任何东西的毒性都大。

手机并不完全是罪魁祸首，它们是在为虎作伥。你和一个朋友正在聊天，他却当着你的面把手机拿了出来。刚聊到最精彩的部分，手机信息一条条响个没完。你可能在认真地听朋友说的每个字，可他却心系电邮。你其实也没两样，就算你此刻没有拿着手机，你也在围着它转，就像蜜蜂绕着蜂巢飞一样。

你和朋友一起出去吃饭。他起身去了洗手间，你一定会拿起该死的手机。你永远都有一个很好的借口："我在等一个重要的邮件、短信或电话。我得及时跟进。"胡扯。你是上瘾了，和大多数人一样。而且，这是最糟糕的一种瘾。不仅如此，它开始得非常早。我们的孩子一生下来就上瘾了。

技术越进步，新的游戏和应用程序就越多，而我们被困在科技洞穴里的程度也就越深。

你能送给别人最好的礼物就是陪伴。
既然在身边，就应该好好陪伴。

所以，关掉手机吧，把它留在家里。否则，手机会改变你的生活。当你朋友过生日时，给她打个电话，别只发一条"生日快乐"的消息。当你清晨醒来时，抱一抱你的伴侣，然后再看短信。当两个人单独相处时，看着对方的眼睛吧，别看手机了。

别让自己被头顶那块小小的乌云所笼罩。

54
艾玛

埃莱尼与我一直想见面，可一连好几周，甚至好几个月，我们都没约好，只是不断在给对方留言。1年前，她经历了生活的至暗时刻：她24岁的女儿艾玛因癌症而去世了。可惜啊，我从未有机会亲眼见到这个美丽、活泼、充满魅力的女孩。艾玛生性乐观，对生活充满热情，一心想为癌症患者创造更好的生活。她希望号召音乐家、画家、作家和其他有才华的人，多去医院看望病患，与他们一起做游戏，看电影，聊人生，让病人变得坚强、乐观，勇于战胜病魔。

几天前，埃莱尼和我终于见面了。我一眼就从人群中认出了她。她身穿黑衣，端庄优雅，脸上挂着微笑。对一位失去女儿的妈妈来说，有这样的笑容真的很不容易。她说，她想替艾玛实现梦想。

我们聊了很久。她的眼睛里闪烁着光。虽然女儿的生命之火已经熄灭，但她有能力让余烬重燃。我在某一瞬间，甚至有点分不清现在我面前这个人究竟是艾玛还是埃莱尼。她们已经合二为一了。

"从接受我们倡议的医院开始聊吧。"她说道。

了不起的人心里想的永远是"我们"。
尽管他们完全有理由只考虑"自己"。

"医院分给我们一间屋子，专门用来组织活动。我们的想法很快就成了医院发展规划的一部分。那里的每个人，从医院的保安，到医生和护士都很支持我们。只花了两周时间，'让我们一起行动'的倡议就人尽皆知了。"

了不起的人总是很活跃，尽管他们完全有理由不这么做。"艾玛的梦想不能再等了，我们已经开始行动了。不过，当务之急是扩大影响，或许你可以帮我们宣传一下。"

我们的谈话持续了 1 个小时。分别时，我深受感动，发誓一定要帮助艾玛实现梦想。我决心通过这个倡议活动去了解这个独一无二的年轻女孩，虽然我已经永远无法和她握手了。

  她的名字叫艾玛。

  艾玛依然活在我们心中。

55
人生方程式

他一走进店里，我就知道他想投诉。从他的姿势就能看出来：双肩耷拉着，双手插在裤兜里，眉头紧锁，撇着嘴，就像要打喷嚏似的——他已经快忍不住了。

"这些家伙简直是骗子。我花了 700 欧元买了张机票，你知道他们改签要收多少钱吗？"

"不知道。"另一个人耸耸肩。

"400 欧！"他转过身来，希望有更多观众。和他四目相对的瞬间，我赶紧将目光挪向别处。真的没必要，我可不想陷入这样的交火之中。

"伙计，我是提前一个月改签，不是在最后一分钟，你们干吗收我这么多钱？"

他望向天空，双手摊开，手心向上，像个困惑而无助的乞怜者。

我办完自己的事就马上离开了。但我心里还在想着刚才那个男人的事，想他究竟浪费了自己多少生命。应该很多。我肯定，他在买票之前就了解过订票政策了，只不过是想发发牢骚而已。假如事情并非如此，那就另当别论了。

有的事情是你能控制的，有的不能。还记得我们在学校里学的数学方程式，是由已知数和未知数组成的。已知数，顾名思义，是确定的。你需要做的是，求出未知变量。

骗子会撒谎，傻瓜会做傻事，早高峰会堵车，夏天会很热。这些都是确定的。而你会如何应对骗子、傻瓜、堵车和热天，才是你的未知变量和你要做的功课。

一棵根深蒂固的大树，不论你多用力地去拉，它都不会动一下。你所做的一切，无非是在浪费自己的精力，让自己心情糟糕而已。

我们常常会为自己无法控制的事情忧心忡忡，最终浪费了过好自己生活的精力。

有些人就是这样消耗了精力，变得心力交瘁。

他们开车时一直在原地打转,直到把油箱里的油都耗尽。

所以,先从了解哪些是已知数,哪些是自己的未知变量开始吧。那天在店里,眉头紧锁、牢骚满腹的男人是已知数,而快速甩掉这种人就是你的变量。

直到今天,遇到这种事情我还会选择溜之大吉。

56
成功的秘诀

周三下午，我去了中央鱼市。鱼摊前弥漫着各种气味，鱼贩们卖力地吆喝着。很快，他们就意识到我不是去买鱼的，于是便不管我了。不知不觉中，我在一个摊位前停下了脚步。我本以为鱼摊都是一样的，可这一家却有些与众不同。我试图找出它的不同点，就像小时候玩"找不同"的游戏一样。

第一处不同：所有鱼都摆成一排，整整齐齐。第二处：这家的冰更蓬松，更白，就像刚下的雪。第三处：这个鱼摊非常干净，堪比医院的手术室。第四处：这家的生意特别好，老板虽然一直忙碌，却始终笑脸迎人。就在我以为找到了所有"不同"时，我看到了鱼摊的老板娘。她40多岁，站在鱼摊中间，身上的围裙一看就是刚刚洗过的。虽然已经看摊好几个小时了，围裙上却一尘不染，脚上的胶鞋也刷得锃亮。她的发型也是精心做过的，就像准备去参加舞会。她不像其他鱼贩那样高声叫卖，而是用纸卷了个喇叭，一切尽在掌控。

有些人不过是选择了成功。成功是建立在许多貌似微不足道的日常习惯上的。成功的人至少会提前 10 分钟赴约，不管与他们相约的是自己的孩子还是美国总统。他们宁可自己等别人，也不愿让别人等自己。他们的手机永远不会没电，因为他们一定会在头天晚上提前把电充好。如果他们开了一家店，他们绝不会找不开零钱。他们会在红灯时停下，一是尊重自己，二是尊重规则。你不会看到他们一边走路，一边狼吞虎咽地吃三明治。他们会照顾好自己，至少会安排 5 分钟让自己坐在餐桌旁吃午饭。他们会在地铁上读书，不打扰任何人，也不被任何人打扰。你绝不会听到他们抱怨时间不够用，因为他们懂得挤出时间去做事，而且他们往往还做得很多。

这些人是在主动地过自己的生活，而不是被动地接受生活的安排。他们学会了生活的艺术。首先，他们会先听后说，会用行动代替抱怨，会用观察代替评判。当他们的顾客或同事开心时，他们会更开心。他们真心关心其他人，也懂得关心自己，他们的笑脸就证明了这一点。他们热爱自己的事业，拥有自己想要的东西，他们得到的，就是他们想要的。他们知道在表示拒绝时如何不提高嗓门。他们把自己的工作当作世界上最重要的事情。

这些人首先对自己就有很高的期待，
对他人也是一样。

他们专注于自己的目标，心无旁骛。他们会让你一天都有好心情，因为他们首先会确保自己一天都有好心情。他们不会过于看重自己。他们知道很多事情，同时也知道，自己不是无所不知的。这些人即便"跌倒"，也能成功。他们之所以能成功，是因为他们选择这样做。

就像鱼摊上那个围裙整洁、胶鞋锃亮的老板娘一样。

57
幸福

有时候,我们会有醍醐灌顶的感觉,尤其是与行家交谈时。我在听一位名叫丹·吉尔伯特(Dan Gilbert)的魅力演说家做 TED 演讲时,就有这种感觉。他在谈论幸福时,举了两个男人的例子:一个男人买彩票中了好几百万,另一个出了交通事故,成了高位截瘫。一年后,研究人员对两个人进行了回访。猜猜谁会更幸福?彩票中奖的那个吗?错了。他们俩其实同样幸福。

对暴发户而言,暴富的新鲜感很快就过去了,现在,他已经把买彩票赚的钱当成是理所当然的了。残疾人也一样,他学会了接受自己的残疾,虽然不喜欢,但也习惯了。

追求幸福,是我们今天来到这里的原因。没有这个初衷,我们就难以得到启发,不论是你的工作、你的爱好，还是你的健康。没有幸福，一切都没有意义。

我们都坐着，等着幸福来敲门。但是，当快递员送来喜悦时，我们却听不到门铃声，因为我们已经迷失在自己的小世界里了。

原来，幸福其实早就到了，缺席的，恰恰是我们。当你清晨醒来睁开双眼时，当冷水澡让你彻底清醒时，当面包盒里还剩最后一片面包时，当你启动汽车、沐浴阳光时，当你辛苦一天回家躺在温暖的床上时，你都可以找到幸福。

幸福并不是某件事情的发生。幸福是那副让你能够发现幸福、享受幸福、沉浸于幸福的眼镜。如果你戴的不是正确的眼镜，你就需要换一副新的。这些眼镜是不需要花钱的。

幸福就像面包。你得自己学着烤。
当你烤面包时，记得打开窗户。

打开窗，就能让周围的邻居都闻到面包的香味。记得每天烤新鲜的。

因为面包不经放。

58
我的勇气之举

为了听罗宾·夏玛的演讲，我去了加拿大。他是世界一流的励志演说家，也是畅销书《卖掉法拉利的高僧》(*The Monk Who Sold His Ferrari*)的作者。他对我的人生产生了巨大影响。在多伦多逗留时，我去了加拿大的国家电视塔。这是当地的地标，也是加拿大最高的建筑。在这里，你可以体验高空边缘漫步（EdgeWalk），也就是在356米的高空，在只有一条轨道安全绳保护的情况下，环绕电视塔进行高空行走。

从小到大，我害怕做很多事情。我害怕在课堂上举手，害怕对别人说"不"，害怕为了自己想做的事情挺身而出。我当然也从不调皮捣蛋。此外，我还有恐高症。

去电视塔参观时，我并没有决定到底要不要

去高空漫步。我告诉自己，等到了那儿再决定吧。来到售票处，年轻的女助理建议我先看视频再做决定。可惜看了视频也不管用，那场面真的很吓人。我看了好几遍视频，还是举棋不定。恐惧已经成了我生活的一部分，随之而来的痛苦也是。

可我厌倦了这种恐惧，厌倦了胆小的自己。就在一瞬间，我决定去试一试。工作人员带我来到装备间，穿戴上特制的漫步服和安全绳。

我们一行三人来到了电视塔的120楼。导游让我先站到边缘上。这里风特别大，我害怕极了。接着，我开始逐渐适应，感觉稍微好了点。我们在边缘上行走了半小时，我最后的感觉是很享受。一开始，我并没有想到自己能行，但最终我做到了。

多年来，我一直欠缺勇气。而这次的勇气之举终于打开了我作茧自缚的痛苦牢笼，让自己得到了解脱。

这次，我与自己和解。
我没有退缩，也没有逃避。

幸运的是，这么多年过去了，我学会了直面恐惧，就算狂风大作，也绝不退缩。

你的勇气之举，或许是终于去了你办卡的健身房，终于给心爱的人打了电话，终于做完了放在抽屉里落灰的手工，终于尝试了与现在截然不同的生活。我不知道勇气之举对你意味着什么，毕竟这是你自己的事情。

只有你知道它是什么。

也只有你能做到。

今天就去做吧，别等明天了。

59
我爱你

我有个朋友，名叫伊莱亚斯（Elias），像他这样的人真的不多见。他是个真正的斗士，只要有必要，他就会二话不说，从头开始。对他而言，没有什么困难是不能克服的。他属于坚强而沉默的那种人。光是看着他，你就会感到骄傲。

我们一年会见上两三面，借着为数不多的机会分享彼此的生活。我们相互拥抱，开怀大笑，享受与彼此相处的时光，为彼此的幸福而开心，为彼此的不幸而伤感。

他过生日那天，我试着给他打电话，第三次终于打通了。他听出是我，喜出望外。透过电话，我完全能感受到他的激动，他的笑声无不流露出他的欣喜。我们已有两个月没联系了。那通电话不超过 5 分钟，可我们聊了天，也感受到了彼此愿意分享的一切。我们约好几周后见面。而他，把最棒的留在了最后："嘿，斯特凡诺斯，我爱你，伙计。"

我呆住了，一时不知如何反应，只觉得一阵哽咽。我不记得当时我说了什么，或许我什么都没说，任由喜悦像海啸一样扑面而来，排山倒海。

我们通常不会告诉别人自己的爱。但爱是我们活着的目的，是我们之所以成为人的原因。在"9·11"那天，双子塔里的遇难者在生命的尽头，选择给他们所爱的人打电话，告诉他们，自己有多爱他们。这是他们留在人世间最后的话。

我们更愿意把这些话留到最后才说，平时却羞于表达，甚至害怕表达，总是在该表达爱的时候闭口不提。尤其是男人。我们害怕表现出脆弱和多情。然而，表达爱才是生活的真谛。

有个人的儿子因车祸不幸离世。他在悼词中写道："我们都误以为明天一定会到来。可有时候，明天永远都不会到来。那些没有说出口的话和没有做的事会让我们后悔不已。儿子，上次我对你说'我爱你'，是你打电话祝我生日快乐的时候。我记得那天，永远都忘不了。我忘不了你对我说

'我也爱你'时我有多么开心。可在那之后,我再没对你说过这句话。"

所以,今天就把"我爱你"说出来吧。去对需要说的人说,别想太多。

生命就在一呼一吸之间。

有时候,明天永远不会到来。

60
好得吓人!

当我想描述某件东西我特别喜欢时,我总是会说"好得吓人"。这是一种习惯,因为我也常听别人这么说。

而第一次去导师安东尼斯的研究小组时,我却发现,没有人会说"好得吓人"或"难以置信"之类的词,似乎这些词是某种禁忌,取而代之的是"太棒了""超级棒""太惊艳了",等等。只有我一直在说"这个好得吓人""那个好得吓人"。

后来,一个朋友把我拉到一旁,悄悄告诉我:"在这里,我们一般不会用那种词。"他措辞婉转,尽量不让我觉得被冒犯,但他的语气十分确定,足以让我记住这一点。

"为什么不呢?"

"因为'好得吓人'是从'吓人'这个词派

生出来的,'难以置信'则意味着你不能相信这件事。我们在夸赞别人时,会避免使用带有负面色彩的词语。"他解释道,"如果你播下一把种子,你会希望它们沾上寄生虫吗?"

"不希望。"我明白他的意思了。语言会塑造你的人生,所以使用时必须格外注意。语言和生活的关系,就好比"鸡生蛋、蛋生鸡"这个问题:你的生活创造了你的语言,而你使用的语言反过来又创造了你的生活。

只需改变一个词,你的人生就可能被改变。

如果有人问你过得怎么样,别回答"我的生活忙到吐血"。

多用那些积极的词语。

61
西格拉斯和奥莎拉

他说的每句话我都愿意听,他的智慧和冷静全都是我想学的。80岁的穆罕默德来自埃及的亚历山大港,是我的壁球教练兼人生导师。

我喜欢听他讲20世纪50年代亚历山大港的旧事。他在大学里打过篮球,具备真正意义上的体育精神。他将这种精神传给了我和他的其他徒弟,乐此不疲。穆罕默德曾在亚历山大港和希腊队打过球,他告诉了我一个关于球队赞助人的故事。球员们只知道他们的赞助人是西格拉斯先生(Sigalas),却从未见过他本人。大家都觉得,他应该是一个富有的希腊大亨。一天,球员们练完球准备离开时,西格拉斯先生来到了训练场。他看上去低调而谦逊。一个男孩问教练,西格拉斯先生是做什么工作的。教练说:"他是一名邮递员"。

西格拉斯先生平日里省吃俭用,把钱全都攒了下来,用来资助篮球队的孩子们。

> 财富不是拥有。
> 而是给予。

分享真的很神奇。它是快乐唯一的方式。不论你走到哪里,千万别忘了分享,比如一朵花,一本书,一个拥抱,一句称赞,一个愿望,等等。通过分享,世界会变得更加美好。

我们来到这世上,就是为了分享、救赎和爱。生命的尽头,当你回顾一生时,你想到的不是自己赚了多少钱,而是自己付出和得到了多少爱。这才是人生唯一的意义。

美国密西西比州有个黑人农妇,名叫奥莎拉·麦卡迪(Oseola McCarty)。没人真的认识她,可她的事迹却名扬天下,还被时任美国总统比尔·克林顿(Bill Clinton)授予了"总统公民勋章"。奥莎拉是个洗衣妇。她没有孩子,成日拼命工作，将赚来的辛苦钱全部存了下来。一天，她照例去银行存钱。银行的工作人员问她："奥莎拉，你知道自己存了多少钱吗？"

"多少？"

"25万美元！你太富有了！"而奥莎拉对钱并没有概念。为了让她明白，那位工作人员在柜台上放了10枚硬币。"假如这是你存下的钱，你打算怎么花掉？"

奥莎拉想了一会儿，说道："一个硬币捐给教堂，3个侄子一人一个，剩下的6个，让我再想想。"过了几天，奥莎拉步履蹒跚地走进南密西西比大学，找到了校长，拿给他一张15万美元的支票。

"我要把这些钱捐给黑人孩子们，给那些想上大学、家里又没钱的穷孩子交学费。"奥莎拉笑着对校长说。

这才是我们来到人世间走一遭的目的。

62
意大利面食谱

要想做意大利面，首先就需要水。万物都离不开水。我们的身体里，60%~70%都是水。水能给心脏泵血，能清洁人体，能帮助减肥，还能使皮肤容光焕发。水还是大脑的养料。我曾经在书中读到过一个令人惊讶的事实，喝水竟然能够将大脑效率提高30%。从那以后，我开始坚持多喝水。而谈到做意大利面，假如锅里的水放得不够多，面条就会粘锅，还有可能把锅烧煳。

其次，你还需要盐。不放盐，意大利面就不好吃。多巴胺被称作"生命之盐"，是幸福的底味，能带给你快乐和愉悦的感觉，有助于保持身心健康。哪里能找到多巴胺呢？它就存在于你做的每件好事中。不管你觉得这些好事多么微不足道，比如捡起路上的垃圾，帮陌生人开门，给朋友买杯饮料，给家人一个惊喜，向弱者伸出援手，等等。当你与人分享或助人为乐时，你的身体会分泌大量多巴胺。因此，不要嘲笑那些做好事的人，他们才是聪明人。只考虑自己很容易，但你会为此付出超乎想象的代价——你会失去幸福。

　　此外，别忘了在你的意大利面里放些黄油。生活所需的黄油叫内啡肽，可以通过运动和锻炼身体获得。内啡肽能够增强大脑神经的可塑性，提高学习、记忆和决策能力。内啡肽是一种天然的抗抑郁药，也是一种天然的兴奋剂。

　　如果你想将肉丸和意大利面同时端上餐桌，记得把肉馅从冰箱里拿出来，提前解冻。

提前规划，这个道理所有好厨子都懂。

　　不过，我们好像忘记了一种最基本的食材：意大利面。在生活中，它代指行动，是生活的主体。人们的讨论、批评和抱怨声总是不绝于耳，而真正采取行动的，却少之又少。我见过太多人为了面包而出卖梦想。沙发坐起来的确舒服，可安逸得太早，会让你丧失斗志。行动就是每天醒来，为自己安排充实的一天。行动就是在工作中全力以赴，即便收入与付出不成正比，也不会有所保留。行动就是不抱怨，通过做事去改变。所以，少说话，多做事吧。

这完全取决于你。如果有人告诉你，厨子无权改菜谱，那你可千万别上当。

从前，有个农民在园圃里晒太阳。他的妻子走过来，问他在做什么。

"我在等着庄稼长大。"他答道。

"可你没犁地，也没播种啊。"

"没关系，庄稼会自己长出来的。"

我们大多数人都和这个农民一样，以为不付出就能得到回报。

63
随便

等着结账的人们排成了两队，我在其中一队。另一队的最前面，一个年轻人和收银员聊得很开心，看起来气氛融洽。

他们俩交谈的内容我听得并不十分真切，不知收银员对他说了什么，他失望地嘟囔了一句："随便。"之后，他就好像突然变了个人似的，声音十分冷淡，甚至连身体的姿势都变了，肩膀前倾，耷拉着脑袋，双手插在裤兜里，一副愁眉苦脸的模样。

这让我心情也有些低落。从他身上，我看到了大多数人的影子。很多人都和他一样，不懂得善待自己，虽然他们并非有意要这样做。我们并没有意识到，自己的所作所为究竟会给自己带来多大的伤害。

我说的是一种病，一种充满无力感的病。我当然不希望自己得这种病。得这种病的人都会有一些口头禅，比如"我能说什么呢""没有人在乎""随便""没什么大不了的""谁会在意这"，等等。这些消极的话会消耗你的能量、你的乐观、你的精力和你的梦想，让你的生活索然无味。

日常生活中的一些小失误，积少成多，可能会变成灾难。你每天都抽烟，因为一根香烟也要不了你的命，对吧？你会吃很多的垃圾食品，因为你觉得，吃一袋玉米片应该没有坏处吧？你成天躺着看电视，因为人得放松，对吧？至于减肥呢？从下周一再开始吧。开始读书吧？我现在太忙了，没空。和孩子们聊聊天？明天再说吧。何时启动我的梦想计划？等熬过这次经济危机再说吧。

病的种类太多了，但有一点是肯定的：如果你不能好好照顾自己，就一定会生病。

我永远不会知道，那天的那个收银员究竟说了什么，让那个年轻人忽然间就变得垂头丧气。但我很肯定的是："随便"的一天会让生活远离你。

我曾经读过一句话，非常有道理：

什么是地狱：在你生命中的最后一天，你遇见了原本可以成为的那个自己。

所以，还是少说点儿"随便"吧。

64
亲爱的祖国

他在海里悠闲地游着,离海滩又远了一些。显然,他自己非常享受,就像在酒店的房门外挂上"请勿打扰"的牌子似的。尽管如此,我还是决定搭个讪。"早上好。"我对他说。

"早啊!"他恍然回应道,好似如梦初醒一般。接着,他和我聊起了他的故事。"我也是希腊人,但在俄罗斯生活。为了养家,我不得不出国工作。我每年会来这里度一个月的假,每天都来这儿游 3 次泳,早中晚各 1 次。这次我已经待了 20 天了,还剩 10 天,我每天都数着呢。俄罗斯也有海,有黑海,但和希腊没法儿比。这里是天堂,这里有阳光,海水清澈,气候温暖。"接着,他说了句让我终生难忘的话:"啊,希腊!亲爱的祖国!"他的眼眶湿润了,我也是。

我们以为，许多事情都是理所当然的。我们的祖国，我们的家，我们的朋友，我们的健康。可接下来，我们却不可避免地遇到很多问题。回首往昔，才发现以前并没有珍惜真正的幸福。同样，我们现在所经历的快乐，将来也会被我们遗忘。

为什么我们就不能对当下拥有的一切心存感恩呢？

感恩，或许是你改变人生最有力的手段。

从前，有一户人家很穷，夫妻二人和六个孩子在一间房子里住，拥挤不堪。

"圣人啊，我们家实在太挤了。"

圣人想了一会儿，问农夫："你们家有狗吗？"

"有。"

"那让狗也进屋住。"

"圣人，我们自己都不够住呢。"

"照我说的做，下周你再来。"

过了一周，农夫来拜见圣人。

"情况怎么样？"

"更糟了,狗吵得我们整晚都睡不着。"

"你们家有羊吗?"

"有。"

"那让羊也进屋住。"

"可是,圣人……"

"照我说的做。"

又过了一周,农夫来拜见圣人。

"情况怎么样?"

"糟糕透了!现在狗和羊老是打架。"

"你们家有牛吗?"

"有。"

"那让牛也进屋住。"

"可是……"

"照我说的做。"

又过了一周,农夫再次来拜见圣人。

"情况怎么样?"

"已经不能更糟了。所有动物都在打架,牛不停地叫,孩子们根本睡不着。"

"现在,你让动物们都回到院子里,屋里只留你们八口人。"

一周后,农夫来到圣人跟前。

"情况怎么样?"

"完美!一切都井井有条!"农夫高兴地说。

"很好。"圣人点点头。

"现在,你还不满意自己的房子吗?"

65
接球

我的朋友在电话里情绪低落，我很担心。她平时是个沉着冷静的人，可现在却呼吸急促，激动地向我诉说着整件事情："我早该打电话给她的，她是我最好的朋友，我从没见她如此难过，不知她遇到什么坎儿了。"

"电话里她很难过，当我提出要去陪她时，她还拒绝了。"我朋友说。

她的那位朋友已经失业很久了，日子过得捉襟见肘，已经快养不起家了，人生也跌进了谷底。我朋友去了她家，正在安慰那位朋友时，手机突然响了。

"斯特凡诺斯，我本来不想接的，就让它一直响着。"她对我说，"因为这时候电话不太合适。但直觉告诉我，还是应该接。结果，电话是我另一个朋友瓦西里斯打来的,他刚刚在 X 公司找到了人力总监的工作,而这家公司的业务,和我那个可怜的女朋友的前东家刚好有联系。顺便提一句,她以前工作干得很好。结果,你猜怎么着?X 公司刚好在招人!刚好由瓦西里斯负责!而且,他恰好还欠我一个人情。这不是天赐良机吗?他当场就给我朋友安排了面试。"

我们都喜欢称这样的事为运气或巧合,其实则不然。每件事的发生都有原因,也有时机。我们可以称其为计划。每一场争论、每一个电话、每一回谈心,都发生在特定的时间,都有它存在的意义。它们就像在篮球场上,梦之队的队员们在相互传球。有时候,球也会传到你的手中。所以,一定要确保自己能随时接得住。另外,别运球时间太长,要像我这位朋友那样,不断传下去。接听那个电话,安排那场见面,去见那个人。

在内心深处,总有一个小小的声音,指点着我们该做什么。照它说的做。

从前,有个虔诚的信徒遭遇了海难,流落到

一个荒岛上。一天,一艘船经过那里。

"需要我们救你吗?"

"不用,上帝会救我的。"

过了一会儿,又有一艘船经过那里。

"伙计,需要我们救你吗?"

"不用,上帝会救我的。"他又拒绝了。

一架直升机从他头顶飞过。飞机着陆了,飞行员走了出来,问他:"需要我救你吗?"

"不用,上帝会救我的。他不会忘记我。"

结果,这位朋友去了天国。在天国的大门口,他问:"亲爱的上帝,为什么会这样,难道你忘记我了吗?我一直在等你救我。"

"我已经派人去救你三次了,傻瓜!"

66
气泡水

这么多年，我一直很喜欢喝气泡水。我女儿称其为"泡泡水"。它不仅能解渴，还能让人神清气爽。我总是成箱地买。气泡水唯一的缺点在于，太容易卖断货了。每次超市有货时，我都会囤上好几箱。不过幸运的是，我发现了一家长期有货的小卖部。

这天，我去那家小卖部还空瓶子，顺便又订了3箱，每箱36瓶，并备注了送货时间。他们家送货一直很准时。

下午4点，门铃响了。我知道，是送货员来了，我能听见他在楼外面卖力拖货的声音。我下楼打开大门，只见送货的是个年轻人，戴着太阳镜，35岁的样子，已经谢顶了，留着胡楂儿，集近年来所有的流行元素于一身。他汗流浃背，累得不轻，看上去一副不好惹的样子，说话也粗鲁得很。

"有电梯吗？"他肯定不想听到"没有"的答复。

"有，在那边，送到三楼。"

他把箱子拖了上去。"放哪儿？"

我把地方指给他看。他搬得大汗淋漓，上气不接下气。

此前，我已经嘱咐过小卖部，我会刷卡支付。所以我拿出了银行卡，还准备好了 2 欧元的小费。我其实想多给他点儿，不过看他这个态度，我觉得还是算了。

"我待会儿再过来收钱。"他对我说道，听上去内心已然崩溃了。

"怎么了？"我明知故问。

"我忘了带 POS 机了。"他累得直喘气，耷拉着脑袋，转身准备离开。

我心里有个声音让我叫住了他："我可以付现金。"

"真的吗，你愿意？"他显然很惊喜。

"当然愿意。"

这下，我们俩都皆大欢喜了。他递给我 35.4 欧元的小票，我给了他一张 50 欧元。他找给我 14.6 欧元的零钱，但我只拿了 10 欧元，并对他说："剩下的是你的小费。"

他不敢相信自己的耳朵。这也太慷慨了吧。他脸上露出惊喜的表情，笑得合不拢嘴，就像身无分文时突然中了彩票一样。

"谢谢，谢谢你。"

"我给你倒杯水吧，伙计。"

"不，不用，谢谢了。"

"谢谢你。"我说。

"不，应该是我谢谢你。"

他走进电梯，露出了当天最亲切的表情：头微微低着，眼皮低垂，右手轻轻放在胸口，连脚指头都在笑。

电梯门关上了，但我依然记得那个眼神。

我点亮了他的一整天。我关上大门。

家里只剩我一人，以及满心的感激。

现在，我恐怕是世界上最幸福的人了。

谢谢你。

67
一心不可二用

她是给我做顺势疗法的医生，也是我的心理顾问和老师。每次与她见面，我都能有所收获。

事情发生在前不久。当时，我的压力非常大，身体也出现了各种各样的症状，脑子里总是在胡思乱想，没完没了。她和往常一样，一见到我就笑了，好像很懂我的样子。

她把笔记本电脑的屏幕转向我，开始不停地打开新窗口，一个接一个。起初，我不懂她是什么意思。直到最后，电脑死机了。我们俩坐在那里，四目相对。

"是什么让你觉得，自己的大脑不会死机呢？"她问道，"如果我们不停地打开新窗口，那么这个可怜虫迟早都要崩溃的。我们觉得自己无所不能，是超人，但我们错了。"我永远忘不了她说的这些话。

我们生活在一个一心二用的时代。如果你试图同时做很多件事情，最终只能一事无成。就像人们常说的，你什么都做了，却什么都做不好。

有时候，当我看到科技的发展速度如此之快，就会觉得我们在退步。我们的人在这儿，心却不在这儿。

用心去陪伴身边的人，
就是你带给他们的最好的礼物。

当你的人在这儿时，心也要在这儿。别去操心其他的事儿。与其相处 1 个小时，全程都在想别的，还不如一起待 10 分钟，全心全意。这个道理适用于每个人和每件事：你的子女，你的伴侣，你的朋友，你的工作，你的文章，你的书，你的想法，等等；所有你选择去做的事情，概莫能外。在那一刻，你心无旁骛，其他任何事情都不存在。你为此而活，专心致志。此时此刻，你的心在这里，你尊重你所做的事情，尊重你的生活，还有你自己。

希腊人有句老话：一只胳膊夹不住两个西瓜。

今天，人们称其为"单一任务"。有时候，我觉得这只不过是将古人的智慧换成了今人的说法，让它听上去更酷一点而已。

68
约安尼迪斯先生

尼科斯·约安尼迪斯（Nikos Ioannidis）是我崇拜的一位老人。我对老人有种特殊的情结：他们是生活中默默无闻的英雄，仅凭他们一辈子的付出，就值得我们去尊重。

我与他曾经在天空电视台共事，我总是叫他"约安尼迪斯先生"。他教会了我如何工作，如何生活。他似乎已经领悟了人生的真谛，是个精力充沛的世界主义者，一个有格调的人。他感情丰富，从不掩饰，总是面带笑容，不论到哪儿都会留下印记，还有他的古龙香水味。

他一直都在和大客户打交道。确切地说，是他用自己的特殊方法，将小客户培养成了大客户。他能力过人，有很强的说服力，为人真诚，做事有逻辑，能言善辩，有同情心和同理心，懂得相互信任和相互欣赏。他真的很难得，所有客户都爱他。

他热爱音乐，在多媒体库中收藏了几万首歌曲。而且，他比 15 岁的孩子更会使用这个软件。他喜欢创建自己的播放列表，然后当成礼物送给别人。他听的音乐很广泛，从法国的传奇歌手夏尔·阿兹纳弗（Charles Aznavour）到美国的摇滚先锋弗兰克·扎帕（Frank Zappa），不拘一格。

他从未停止工作，即便退休了也不闲着。每个月，他都会来一趟我的办公室，和我聊会儿天。每次他来时，所有人都会探出头来和他打招呼，或许都想感受一下他对生活的热情。

几年前，他的爱妻娜娜给我打来电话，用颤抖的声音对我说："斯特凡诺斯，尼科斯去世了。"她哭得很伤心，我也陪着她一起掉眼泪。

一个阳光明媚的冬日午后，我们在郊区墓地和他做了最后的道别。该如何与一个曾经活生生的人道别呢？不要哭泣，要微笑。葬礼过后，众人一边在咖啡屋喝咖啡，一边回顾与他相处的点点滴滴。大家发自内心地笑着，尽管这有些不合时宜，就连他的妻子也加入了我们。我们细数着他的一生。或许，那天才是我与他共度的最美好的一天。

我向娜娜保证，会经常联系她，这让她感到很开心。可惜我没有做到。

约安尼迪斯先生的儿子约尔戈斯拨通了我的电话。

"你好吗，约尔戈斯？孩子们怎么样？很高兴接到你的电话！"

"我们都好，斯特凡诺斯。但我得告诉你一个坏消息。我的母亲昨天去世了。我到她家时，发现她在睡梦中走了。"

我呆坐着，手里拿着电话。"斯特凡诺斯，你在听吗？"

"她找你父亲去了，约尔戈斯。"我难受得差点说不出话来。

"没错，斯特凡诺斯，的确是这样的。葬礼明天下午3点举行，就在我父亲办葬礼的那个地方。"

我和娜娜永别了。所以，我的朋友，万事不可拖延。

有时候，那该死的明天永远不会到来。

69
照顾好自己

周日晚上，我跑完了步，又写完了日记，决定好好去看一场露天电影。

不过，跑完步之后，留给我洗澡的时间已经不多了。可能换身衣服就该出门了，但这不是我的作风。所以，我想了想，还是赶紧冲了个澡，洗掉满身的汗，擦干身上的水。我欣赏着镜子里的自己，嗯，身材还说得过去。

该选衣服了。衣架上挂着我的百慕大短裤和今天早上穿过的 T 恤，虽然略皱，但还算干净。我本来打算就穿这套，可又改了主意。虽然这一套搭配得不错，但我还是拉开抽屉，拿出来一条熨好了的百慕大短裤。这条很好。我又在衣柜里挑了一件清爽的新衬衫。两件都不错，这一套搭配得更好。

现在该选鞋了。我的跑鞋就放在门边，可这双我不喜欢，还是配板鞋好一点。我再次看着镜子里的自己，这一身没毛病。但是，现在夏末了，万一夜里变凉怎么办？我又带上了一件帽衫，以备不时之需。再拿上一张20欧元的钞票，就齐活儿了。

这时，我又改主意了，将20欧元换成了50欧元。要是我想玩通宵呢？难道不应该带上足够多的现金吗？开车出发时，我瞥了一眼镜子里的自己，看起来真不赖。

到达露天电影院时，距离开演还有5分钟。我给自己买了杯饮料，挑了个好座儿，开始欣赏影片预告，心里十分惬意。

照顾好自己很重要。
让自己感觉良好更重要。
它让你觉得，这一切都是你应得的。

照顾好自己，是在自己尊重自己。要知道，自己才是生命中最重要的人。你对自己的尊重是无价的。

人们常常会将生活中的残羹剩饭留给自己。从前我也经常这样做,那时我从不抱怨,逆来顺受。而现在我发现,当我照顾好自己后,感觉有多好。当你能欣赏自己、爱自己时,才会飞得更高。

电影很好看。中间休息时,我去了趟洗手间,里面还有个和气的中年人。我上完厕所,在右边的水盆洗手。不一会儿,那个男人也出来了。我把右边的水盆让给了他,这样他洗手更方便些。我对他笑了一下,他一边笑着,一边谢谢我。

"电影不错。"我说道。

"相当不错。"他答道。

"多保重。"我向他道别。

"你也是。"他说着,走出了洗手间。

没错,多保重。

70
倚老卖老

有些父母真的很讨人厌。自从有了孩子之后，我开始越来越看不惯他们。

这些父母恨不得替孩子包办人生，一边用最糟糕的方式操控孩子，一边觉得只有自己和自己的同类才是优秀的父母。他们不懂尊重自己的孩子，其实是因为他们不懂尊重自己。他们让孩子活在恐惧中，是因为他们无法直面自己的恐惧。他们不审视自己的生活，却整天开车送孩子去上芭蕾课、游泳课、空手道课，穿梭于各个运动场。实际上，他们决定着孩子参加的所有活动。假如孩子不同意，他们就会发火。他们甚至还要代替孩子决定穿哪件衣服，对哪些学科感兴趣，应该产生什么样的情绪，应该交什么样的朋友，应该找什么样的工作，应该过什么样的人生。如果有可怜虫愿意承认这也叫生活，那就算是吧。

他们给孩子选择朋友，看对方的家庭是否门当户对。他们给孩子选择吃什么东西，参加哪个聚会，甚至连什么温度应该感觉寒冷，也是他们说了算。当孩子深感绝望，试图与他们交流时，他们不仅不予理会，反而倚老卖老，仗着自己认字多，让孩子闭嘴。

就算孩子已经40岁了，他们的父母依然拿他们当4岁小孩，继续干涉他们的生活。除了少数人，这些"孩子"就算50岁了，也依然无法为自己的生活做主。当他们最终意识到父母对他们的毒害有多深时，他们会心生怨恨，可父母却根本不明白恨从何来。为什么？因为孩子需要有机会过他自己的生活。

有一次，我真的被一个奇葩家长气到火冒三丈。一个7天24小时不间断伤害自己孩子的家长，竟然因为其他小孩可能欺负了他家小孩而气急败坏。那个孩子在课间踢了他家小孩，这个家长就怒不可遏，责怪学校和老师，甚至迁怒于其他家长和教育局。这个家长的行为可谓离谱。其实，最具破坏性的欺凌，恰恰是他自己对孩子的所作所为。

我听过一位杰出教育家的演讲。他说，家长应该平等地对待孩子。操控甚至包办孩子的人生，是家长心目中最容易的选择；要摒弃这种选择是需要魄力的。

孩子需要父母指路，
但不需要父母带着他们一直走下去。

至少不需要父母强迫自己去走那条最"可取"的路。

孩子需要的，是那种就算不赞成孩子的决定，也能够给予支持的父母。

诗人卡里·纪伯伦（Kahlil Gibran）明智地写道：

> 你的孩子，其实不是你的孩子……
> 他们借助你来到这个世界，却非因你而来
> 他们在你的身边，却并不属于你
> 你可以给予他们的是你的爱，而不是你的想法

因为他们有自己的想法 [1]

在电影《费城故事》中,有一场庭审的重头戏。开庭前,汤姆·汉克斯扮演的安德鲁·贝克特即将面临难堪的审讯,这时,他的父亲对他说:

"待会儿不论任何人说出任何难堪的事情,都不会减少我对你的骄傲。"

"我不希望我的孩子因为歧视,而躲在巴士的最后一排。"母亲骄傲地对他说。

"我爱你们。"安德鲁听得眼泛泪光。

这才是我们想要的父母。

---

[1] 摘自《先知》,克诺普夫出版社,1923年。

71
开一扇门

我正忙着写书时,手机突然响了。女儿给我发来了一条视频。她正和妈妈一起,照顾她的小表妹。她还给我发了一段歌词,是她小时候我在哄她睡觉时常常唱的儿歌。她总是睁着大大的眼睛,乖乖地听我唱,不一会儿就睡着了,可小手却依然紧抓着我的手,放在她的肚子上。这是属于我们俩的歌,自始至终都是。

现在,她已经9岁了,对这首歌也有了新的认识。我虽然不能每天都看到她和她妹妹,但在我们心底,对方永远都在。不管她们长到多大,我变得多老,不论她们走到哪里,不论我自己身在何处,我们的爱都不会变。

我读着歌词,想起了以前给她唱儿歌的美妙时刻,一时百感交集,眼睛也湿润了。我能感受到女儿读到这段歌词时的心情。"小时候，是爸爸给我唱，现在，我也能给表妹唱儿歌了。"从她的声音里，我能感受到她有多开心。这一瞬，我仿佛变成了她。

我被这种扑面而来的感觉征服了，我细细体会着这种感觉在我身体里回荡，无拘无束。没有路牌告诉它该去向哪儿，也没有任何速度限制。我知道，我再也不会有一模一样的感觉了。

以前，我总是习惯于掩饰自己的情感，羞于表达。

男人从出生开始，就被封印了。
人们说，男子汉不能哭，男子汉要坚强。省省吧。

幸运的是，现在我明白了，脆弱能让你变得更坚强。

从前，我奶奶家从来不锁门。有时，她就直接把门大敞着。

朋友们会进去，风会进去，生活也会进去。

我也决定要这样生活：打开大门，让阳光随时照进来。

让我醒来。

给我温暖。

好好的，我可爱的小女孩。

72
小偷

有些人害怕小偷,怕他们偷钱,偷家里的东西,偷孩子。

可生活中还有另一种小偷,更隐蔽,也更危险:他在我们的心里。这个小偷是个内行,每天都从我们身上偷走东西,一声不吭。他偷走了我们的梦想、乐观、快乐、灵感、自律和精力。他也偷走了我们的生活。

但是现在,小偷与我们融为一体,我们甚至没有意识到他的存在。他就像藏在木梁里的白蚁,慢慢将我们掏空。

我听过一个印度的故事。从前,一个老人告诉孙子:"你身体里有两匹狼。一匹是坏狼,它代表着愤怒、嫉妒、悲伤、失望、贪婪、讽刺、自怜、冒犯、自卑、虚荣、傲慢和自私。另一匹是好狼,它代表着快乐、爱、希望、和平、宁静、谦逊、善良、慈善、同情、慷慨和对上帝的虔诚。"

小孩认真地听着,然后问爷爷:"那哪一匹会占上风呢?"

老人想了一会儿,说:"哪匹你喂得多,哪匹就会占上风。"

每匹狼都有自己的喜好。坏狼喜欢一直看电视,在社交媒体上浪费时间,干涉别人的私事,批评他人,八卦,抱怨,撒谎,吃垃圾食品,熬夜,凡事只考虑自己,终日无所事事,见不得别人好,原地踏步,心怀怨恨、偏见和冷漠。好狼喜欢爱、真理、善良、感恩、自尊、专注、行动、不断进步、有责任心、有条理、爱锻炼、多喝水、站得直、起得早、工作努力。

**给坏狼喂食却希望它长不大,
跟一直吃蛋糕却希望自己能减肥一样荒唐。**

永远让好狼吃饱,就能远离那些"小偷"。
这是你的任务。

73
安全员

她苗条、漂亮,充满动感和活力,头上束着一条宽发带。你很难不注意到她。只是,她自信到近乎自负。

这是我们待在酒店的最后一天,如果想按时退房的话,现在就该从游乐场回去了。可大女儿还要再玩几次水上滑梯。她知道我耳根子软,我实在是拗不过她。

这位漂亮的安全员正当班。大部分时间,她都在和同事聊天。我女儿从滑梯滑下来时,她在不停地调整发带,把掉下来的发丝塞到发带里,在头发上花了很多时间。她的虚荣似乎没有尽头,就好像她是上帝送给全世界的礼物。不知何故,她越是不停打扮,我就越生气。

大女儿准备滑最后一次,小女儿抻着脖子,

想看却看不到。这一幕恰巧被安全员发现了。她快步上前，弯下腰，温柔地把妹妹举起来，稳稳地放在台阶上，好让她能看得到。这让我很意外，小女儿也是。不过，她的心思都在姐姐身上，倒是没有太表现出来。大女儿滑下来之后，小女儿向安全员露出感激的微笑。安全员给了她一个温暖的拥抱，又将她慢慢放下来。小女儿盯着她看，开心极了。这事儿应该会让她很难忘。

漂亮的安全员扭头望向我，会心一笑。我也对她笑了，一天的疲劳瞬间消失了。我站在水池边，忍不住自嘲。

我想起了最近读过的一句名言：

我们每个人都有罪。别因为我犯的罪与你不同，就对我妄加评判。

74
鼓手

我以前就见过他,他总是穿一身黑衣服,戴一副墨镜,留着鼓手的经典发型,但我从没见他像今天这样。今天,我彻底为他而倾倒。他在台上独自表演的 3 分钟,让我仿佛置身于云端,虽然不知道飘到了哪里,但可以肯定的是,我与他同在。

这是学校的一场演出。我们作为家长,受邀一起欣赏音乐家的表演。他像猫一样,安静地走上舞台,然后开始打鼓。鼓声由小变大,越来越强烈。在那美妙的 3 分钟里,鼓手一直凝视着远方某处。我不知道他在看哪儿,但他似乎沉浸在某种幸福之中。那里似乎有他的一个分身,和观众们融为一体。他把自己一分为二,再合二为一,变成了一个了不起的人。

乐曲接近尾声时，迎来了表演的高潮。表演结束后，观众们用力鼓掌。可他似乎并不在意，而是继续凝视着他的幸福，仿佛内心有个声音在对他说："我准备好了。你可以随时带我走。"

有些人只有一种方式生活。他们情绪高涨，乐于经历快乐和苦难，因为他们知道，经历苦难是不可避免的。他们知道，自己必然会遭遇生活的打击，也准备好了从打击中站起来。他们知道如何全情投入，即便已经一无所有。

他们无法忍受那种平庸的生活，也不怕失去任何东西。因为他们所需要的东西，都在他们心里。他们来到这世上不是单纯为了享福，而是为了全力以赴，他们已经准备好为自己的热爱付出一切。舞台上，他们激情四射。他们对每个细节一丝不苟，甚至自己写歌创作。他们所热爱的，就是他们的人生。

缺乏热爱的人生索然无味。

快去寻找你的热爱吧。

75
自言自语

小时候，我很讨厌吃洋蓟。现在，洋蓟是我最爱吃的蔬菜。所以，我决定尝试更多新鲜事物。谁知道下一个最爱会出现在哪里呢？

几年前，如果有人告诉我，人应该自言自语，我一定会当面嗤之以鼻。但事实证明，真的有必要尝试自己和自己说话！我第一次听说"自我肯定"，是在作家路易丝·海伊（Louise Hay）的书里。自我肯定，就是自己告诉自己一切。你可以说出声来，也可以在心里默念，久而久之你会下意识地这样去做。每天，大脑会产生4万个想法，平均两秒一个。大多数想法都是下意识的，而且通常都是消极的。一个10岁的小孩，往往就从家长、学校和媒体那里听了数千个小时的说教了。一句句"不行"和"不要"，像种子一样，在孩子心里生根发芽，最终结出果实，两秒一个。

在孩子还不会走路、不会说话之前，大多数父母说的都是积极鼓励的话。可在那之后，大多数人都会不自觉地去阻止孩子，他们自己从小也是这样被父母管教的。"小心!""当心摔跤!""这个不能玩!"，等等。父母在子女身上种下了最坏的种子——无力感。大多数孩子都会相信父母的话，相信自己无法决定自己的生活，相信自己毫无价值。最终，他们既不喜欢自己，也无力与生活抗争。

我们的心里已长满杂草，需要我们现在就种下新的种子。

自我肯定就是那颗新种子，
你需要将它种在自己的心里。

你的自我肯定，就是属于你的全新真相。

你可以这样做：坐在镜子前自言自语，不停地说。像这样重复多次，一遍又一遍，直到你相信为止。你可能需要坚持说几个月，甚至几年。毕竟，你心里的杂草，是花了很多年才长满的，所以，用好种子取代杂草，也是需要时间的。清晨醒来，记得做一次自我肯定，晚上睡前再做一次。这两个时间段土壤松软，最适合播种。记得用现在时来表述，多用积极词汇，只说和自己有关的内容，因为他人的想法与你无关。

女儿和我已经坚持"自言自语"好几年了。"我值得"就是一句自我肯定的话，我们每天早晚都要说上 100 遍。说的次数越多，你就越相信，对自己感觉也越好。自我肯定就是你的种子。当然，你还需要给它浇水、除草、施肥，这样它才能茁壮成长。这些就是我们常说的"行动"。

6 岁的小女儿告诉我："嘿，爸爸，你知道自从我说了很多遍'我值得'之后，发生了什么吗？"

"发生什么了？"

"我在不知不觉中笑了。"

这就是自我肯定的用处，让你发自内心地微笑。

在不知不觉中……

76
如何成功

正午时分，我正走在雅典的中央大街上，看到一辆小三轮停到了路边一个回收桶旁。它停的位置不会妨碍交通，车灯也打着双闪。从车上下来一个衣冠楚楚的男人，径直走向了回收桶。他穿着黑色西裤和衬衣，皮鞋擦得锃亮。

出于好奇，我停下了脚步。只见他小心地打开了回收桶的盖子，翻看了一下里面的东西，将纸箱全部捡了出来。接着，他又从口袋里掏出一把美工刀，将纸箱上的胶带全都揭了下来，动作像做手术一样小心翼翼，生怕刀片把纸箱给划坏了。他耐心地将纸箱全部铺平整，叠放到一起，堆在一旁。之后，他再用蓝色塑料绳把纸箱绑成一捆一捆的，一丝不苟地做完各项流程。

我看得入迷了。他是那种真正对自己的工作

兢兢业业、无私奉献的人。

他把捆好的纸箱整整齐齐地摆在三轮车后面的货箱里，就像把它们当成世界上最珍贵的东西。最终的成果赏心悦目。我很想拍张照片，却又不想冒犯到他。最后，他轻轻放下货箱的盖子，固定好纸箱，跳上三轮车，关掉双闪，消失在车流之中。

我依然站在原地，回想着刚才看到的一切。那个男人将自己的工作当成全世界最重要的事情。不管他是否喜欢这份工作，他都做到了精益求精，让我打心眼儿里佩服。

我真想把这个故事拍成短片，与我的女儿、朋友、同事，还有世界上的每一个人分享。短片的名字就叫《如何成功》。

每天清晨，不论你要去哪儿，都要穿上自己最好的衣服，热爱并尊重你的工作。而最重要的是，要爱自己，并尊重自己。

不论你做什么，都要把它当成世界上
最重要的事情去做。

专注于自己所做的事情，不论你做的事情是捡垃圾还是深海跳水，都要带着热爱和激情去做。最重要的是，为自己做事，这样你会感觉很好。其次，给予同事和客户必要的关心。最最重要的是，让这个世界因你而变得更美好。

就像那个穿戴整洁、鞋子锃亮的拾荒者一样。

77
希腊人的慷慨

他虽然不是我最好的朋友,但我们关系很好。我爱他,欣赏他,他对我也是一样。一次,我去雅典市中心办事,正好离他的办公室不远。我给他打了个电话,问他是否方便,说我想去拜访他。他所在的公司很大,也很成功。见面后,我俩先是热情地打招呼,然后在他的办公室里小坐了片刻。接着,他提议去附近的咖啡店喝点东西。

正当我们准备离开时,他和主管打了招呼,挑选了一些公司的产品送给我,当作给我女儿的礼物。这让我感到分外惊喜。这不是一两件礼物那么简单。我不禁想到,他送给我的礼物很可能是他的员工福利,他原本可以送给自己的孩子。也就是说,他把他的那一份儿送给了我。一开始,我说我不能收,可他却坚持要送。我们都了解希腊人送礼时的慷慨，这源自他们对分享的渴望。我如果不收，他就不答应。我被他的热情深深打动，只好收下礼物，并再次感谢了他一番。

来到咖啡店，他问我想喝什么，说这次由他请。他先招呼我坐下，然后去点餐，再亲自帮我把咖啡端过来，好像我是去他家里做客一样。我们聊着天，谈了好多我正在做的事情。他不是光听听而已，而是关心我所说的内容，像一个值得信赖的商业伙伴那样给我建议。服务员拿来小票，他抢着把单买了。"今天你是客人，你得听我的！"我之所以感动，不是因为他花了钱，而是因为他的这份情意。

你或许会在心里犯嘀咕，觉得"这只是芝麻大点儿的事"，可对我而言，这是让我深深感动的大事。

我的朋友表现出了希腊人的慷慨。那些曾经周游各国的人都明白，这样的真心并不是在哪儿都能碰到的。人们称之为好客，但我觉得不仅如此：这是爱，是无私的奉献，是不求回报的付出。

几年前，一位英国教授来希腊当客座导师，刚好教我研究生课程。他给我们讲了一个故事，让我终生难忘。一次,他和爱人来希腊度假。他们在风景如画的普拉卡街区,想寻找一家特别的餐厅,便向当地人问路。结果,那个路人不仅为他们指了路,还亲自带他们去了那家餐厅,教授夫妇对他连声感谢。他们还注意到,那个人对餐厅老板嘱咐了几句。当教授吃完饭准备付账时,老板告诉他,他们刚才喝的酒是那个路人请的。教授惊呆了,说自己从未见过这么友善的人,只有在希腊才有。最后,教授对我们说:

> 希腊人身上有最伟大的品质。
> 不要把它弄丢了。

慷慨会让你走得更远。

78
粪土

一切都是从小学作业本上，老师力透纸背的红笔批字开始的。如果将你的作文比作一幅画，红笔批字就是这幅画的主题，而你的作文只是背景而已。

随着年龄的增长，这些红笔批字似乎刻在了我们的大脑中。不管你喜欢与否，它都成了你生活的一部分。起初，纠正我们错误的人是妈妈，然后是老师、老板，最后是你自己。接纳这些批改，就可以万事大吉。欢迎你的错误，你将被拯救。只有接纳自己犯的错，也就是专家口中的"阴暗面"，你的人生才完整。你甚至可以称其为"粪土"。粪土是你的，就是你的，不论你多想抵赖，都无济于事。粪土经常被撒在土地上。刚开始很臭，但发酵一段时间，就能变成最好的肥料。

赶上好的时代，人人都能过得很好。可粪土才是人生的本质。要想真正接纳自己，就必须学会接纳自己的粪土：谈论它，分享它，晾晒它。不要试图去掩盖它，好歹它是你自己的。

全世界伟大的人之所以伟大，
就是因为他们接纳了自己的粪土。
粪土造就了他们。

受够了脸书上的千篇一律，到处都是快乐、善良的面孔，好像所有人都是好莱坞明星。你的粪土呢？你的痛苦和愤怒呢？你的失败、缺点、毛病和不足呢？它们才是真实的你。它们才是你心舍的装饰品。有了它们，你的心舍才能独一无二，因为它们反映的是你。

做真实的自己。既然来到世上，就要接纳粪土。

耶稣曾为一个罪妇仗义执言："你们中间谁是没有罪的，谁就可以先拿石头打她……"

他说的就是这个意思。

79
快乐

我最钟爱的习惯,就是早起。每天一起床,我就会出门跑步。我住在海边,跑完步我会去海里游泳,一年四季,从不中断。这样做会让我充满活力。

不论我走到哪儿,有一些习惯都没变过。早起,晨跑,游泳,呼吸练习,冥想,写日记,读书,行善,健康饮食,分享,等等。

昨天,我在完成了神圣的晨练之后,时间还早。通常,在这个时间段,海滩上几乎是没人的。可我却看到了一个漂亮女人在玩水。而且,她玩水的方式和我的小女儿一模一样。海浪迎面打来,她便纵身跳进浪里,踏浪而行。海风扑面而来,吹着她湿湿的头发,闪闪发光。她的样子看起来很享受,让我看得着迷。不经意间,我听到一阵歌声。环顾四周,我想看看是谁在放收音机,结果谁都没看见。原来是她在唱歌。她一边玩水,一边歌唱,整个人都沉浸在歌声之中。我跳进水中游起泳来。等我再次游回水面时,她却不见了踪影。

今天,我跑步的时间长了些,到海滩的时间也比平时晚了点。我又看见了她。她刚游完泳,穿着一件鲜艳的纱笼裙。她从我身边经过时,我们四目相对,相视一笑。这次,我看清了她的长相,也看到了她脸上深深的皱纹。我意识到,这个我以为 40 来岁的女人,至少已经 60 岁了。我坐在沙滩上,目送她离开。她留在沙滩上的脚印,似乎一个接一个地亮了起来。

快乐其实就在你的心里。
等待着你去发掘。

快乐就像金子,越挖越多。它能让你保持年轻,心情愉快,内心强大,只要你心中有爱——对自己、对别人、对生活的爱。就像沙滩上那个永远年轻的女人,她似乎找到了青春之泉,喝下去就能征服世界。

传说，上帝有座宝藏，不想让人类找到。起初，上帝想把它藏在最高的山顶，但人类有可能到达最高的山顶。他又想把它藏在最深的海底，但有朝一日，人类也有可能到达最深的海底。他想：那把它藏到地心里吧！人类永远不可能到达地心。有个声音却告诉他，人类也可能到达地心。最后，上帝想到了办法：我要把它藏进人心里，人类绝对想不到宝藏会在这里。

心才是你该寻找的地方。

80
爱

那对情侣并排坐着,与我就隔了几张桌子。时值正午,我正在最喜欢的餐厅吃午饭。他俩在聊天,越聊越近,那甜蜜的样子我已经看了好一阵子了。男人深情地望着女人的双眼,用手搂住她的脖子,将她拉得更近了。女人也不抗拒。俩人的嘴唇就快碰到了,那距离近得仿佛下一秒他们就会像磁铁一样牢牢吸在一起。男人拨弄着女人的头发,用手指帮她梳理着,将一缕散落的头发别在耳后,又将刘海轻轻推向一旁。他的眼神里充满着爱意,女人也是。我忍不住看着他们俩,既为他们开心,又羡慕他们的恩爱。后来,他们手挽着手离开了,即使过道狭窄也没能将他们的手松开。

我不断回忆着他们的凝视,那种相互放电的

凝视。这就是爱，它能带你去任何地方，不仅将你和爱人联系起来，还能将你和万事万物联系起来。爱是最好的调味料，能够让任何食物都更美味。爱是放大镜，它能够聚集阳光，照亮任何角落。爱是最强有力的工具。

爱是你对工作的感受，是你每天起床的原因；因为爱，你会对所有拥有和不曾拥有的东西心存感激。当你对一盘美食说"谢谢"时，爱发生了；当你照镜子并喜欢镜子里的自己时，爱发生了；当你冲上前去帮助一个陌生人时，爱发生了；当你捡起地上的一块垃圾，即便它不是你扔的时，爱发生了；当你说了一句好话，并为此由衷开心时，爱发生了；当你所做的工作就是你自己最大的爱好时，爱发生了；当电影里出现了火树银花的梦幻场景时，爱发生了，而与烟花不同的是，爱是真实存在的。

爱是让地球不停转的动力。
爱能让你永远年轻和快乐。

爱是你存在的理由。

正当我坐在那里出神之时，一个体面的老人拄着拐杖，颤巍巍地走进了餐厅。他穿着一件刚刚熨好的衬衣，裤缝熨得笔直，头发整齐地向后梳着。我认出他是这里的老板，5年前，他开了这家餐厅。如今，他每天都会出现在老地方。他在餐厅有一个专座，他每天都坐在那儿休息。他把拐杖靠在椅子上，骄傲地看着自己的餐厅，怡然自乐，眼睛有光。

我见过那种光。它可以带你去任何地方。

它的名字就叫爱。

81
得高分

最近，我一直在四处旅行，参加了各种关于自我价值提升的研讨会，只为梦想成真。我希望有朝一日，能在希腊的幼儿园和小学开设一门关于自我价值的课程。

我对此盘算得越久，想法也就越清晰。于我而言，生活就是能量之源，管理得越好，生存能力就越强。这就好比打电脑游戏，你有三支军队，每支都有额定的血条。你的愚蠢举动会让他们失血，血条归零时，你就失去了这支军队。好在如果你游戏打得好，可以根据规则获得生命值，让你的军队复活。

在生活中，我们会遇到两种情况。一种是你可以掌控的，另一种是你无法掌控的。每次，当你把精力浪费在不能掌控的事情上时，你就会丢失生命值。以坐飞机为例，你应该考虑的是制定行程，选择航空公司，预订机票，收拾行李。至于天气会怎样，谁是机长，飞机会不会出事，都不是你应考虑之事，担心这些只能消耗你的生命值。

同样，其他人的看法，也不关你的事。你的所有假设和假设中的场景，只能浪费你的精力。把和自己相关的事情想清楚，才是你该做的。

任何形式的批评或留言都会消耗你的生命值，而且会消耗很多。诉苦、嫉妒、生气、怨恨等，都属于这一类。这无异于你自己喝下毒药，却指望对方死掉。你以为自己在发泄，但这种消极的做法只会让你跪下。把你的问题告诉所有人，对自己并没有帮助。直面自己的问题，向专业人士寻求帮助才是正道。如果你做不到这一点，迟早都得去医院。

吃垃圾食品，整天看电视，严重缺乏睡眠，沉迷社交媒体，日复一日重复同样的事，都会消耗你的生命值。抱怨自己的母亲，男女朋友，甚至国家总统，消耗的只是你的生命值，而不是他人的生命值。

反复做着相同的事，不敢让自己的生活更进一步，也是一种慢性自杀。一开始，你可能还不觉得，可等你到了四五十岁，你就会厌倦自己。陷入相同的生活是一种缓慢而痛苦的死亡。才华应该找到用武之地，而不该被长期闲置。如果你没有地方施展才能，就会感到巨大的痛苦。不知不觉中，你会发现自己少了一支军队，不知道是被谁偷走的。

毫无意义的困境是另一种死亡。有一次，我在无意中听见一段对话。一个男人称赞某个电视台的节目很有社会责任感，可女人却和他争辩，称有价值的节目多的是，只是没有得到很好的宣传。结果两个人争吵不休。我不明白的是，为什么明明可以两者兼顾，却偏要去二选一呢。我们大可以欢迎所有好事，不论它们发生在什么地方。偏执不仅使人分裂，还会慢慢吞噬掉你整个人。

一些简单的小事可以帮助你恢复精力，赢回失去的兵力。这些事通常被你忽略，或嗤之以鼻：常说"请"和"谢谢"；主动给他人让座，尤其是陌生人；给最好的朋友准备惊喜；帮助大街上的路人。这和你有钱没钱并没有关系。所有这些事都是爱的结果。它们会让你觉得，你来到这个世上是真的值得的。事实也的确如此。

微笑，即使你觉得没有理由这样做。你笑了，理由就会出现，让你看见。这些生命值一开始并不明显，却会在你最意想不到的时候突然出现。至于会从哪里出现并不重要，这不是你该操心的事儿。你只需要做到坚持信念。

在必要时学会拒绝。做人一定要有底线。虽然这样做不能为你赢得生命值，却能保护你现有的生命值。先在乎自己的想法，再考虑别人的想法。小时候，大人告诉我们这样做没有礼貌，但事实上不是的：这是在自我保护。对于别人而言，这也是好事，因为这样他们就能了解哪些是他们可以管的闲事，哪些是不可以的。

多锻炼身体，多运动，多行动，就会得到很多生命值。生命在于运动。这能帮助你远离抑郁，理清思路，净化灵魂。正确呼吸也很重要，确保吸气时鼓起肚子，这才是正确的呼吸方法。多做深呼吸，意味着活得深刻。当然，别忘了多喝水。

专注于自己在做的事情，别分散精力。删掉

手机上那些分散精力的短信通知。如果你把所有能量都聚集起来,就能像射线那样让墙壁穿孔。这就是专注的力量。那些做大事的人身上都有一个共同点:他们都知道该把精力放在哪里。

还有一件事能帮你赢回兵力。它有魔力。

那就是感恩。
对一切感恩。

对工作感恩,不论你有工作还是没工作。对孩子感恩,不管你有孩子还是没孩子。想想你微醺的时候,有多爱这个世界。感恩就是这种感觉,只不过用不着喝酒。对一切感恩,尤其是当你衣食无忧、身心健康的时候。一切都会水到渠成,只要你努力,而不是只想当然。我曾经读到一句话,说"健康是我们头上一顶无形的皇冠,只有那些失去健康的人才能看见它"。所以,闭上眼睛,多说谢谢吧。你很清楚该去谢谢谁。

每天读书,不断学习,不断进步。宁可少吃一顿饭,也不要少读一天书。它是你灵魂的氧气,让你的生活闪闪发光。

回去照做，你将为自己的军队赢得无限生命值。这就是你来这世上的理由，绝不只是为了"游戏结束"。

而是为了得高分。

82
守时

英国人向来以守时著称。不过,我在英国生活的那段时间并没有将守时放在心上。即便我有 3 个小时做准备,也必定会迟到个 15 分钟,不多不少,一分不差。而且,我做到了回回精准!我敢肯定,不论谁和我约好见面时间,都会自觉往后延 15 分钟。

也有不少人直接指出,我的这个习惯挺招人烦的。我却自有一番道理,还觉得是他们小题大做。但实际上,你处理小事的方式也会影响你处理大事的方式,这叫多米诺效应。假如你在约会时间上不靠谱,你大概在工作中也会不靠谱。如果你在工作中不靠谱,这个问题同样会反映在你的人际关系中。如果连与人交往都做不到靠谱,那你又如何做到信任自己呢?你做不到。

我见过有人开车不系安全带，晚上不给手机充电，边开车边打电话，边跑步边吃东西，不尽力去兑现承诺，胡吃海塞般突破各种底线。你的行为就像一个公告牌，传达给你自己一条讯息：你不配，你是个浑蛋。你不配变可靠，变有钱，变成功。如果做小事时打折扣，做大事时你也会打折扣，这是规律。你的商店全年都在橱窗里挂着打折的招牌，你却还在纳闷，为什么隔壁的店总是干得比你好。

我的导师曾经告诉我，这个游戏是你为自己设计的，发牌的人是你，打牌的也是你。你既开赌场，又是赌徒，所以，你要学会如何把牌打得更好。

学会掌控自己的生活。
才能更好地控制自己。

有天晚上，我和小女儿在刷牙，她说："爸爸，我自己不想抠鼻子，可我的右手抠了鼻子，是手自己抠的。"

别让自己的手随心所欲。

你已经不是 6 岁小孩了。

83
伟大的人

我和朋友们听着 1973 年电影《往日情怀》(*The Way We Were*)的原声带，聊起了主演罗伯特·雷德福（Robert Redford）。他是一名杰出的演员，一个伟大的人。他的所有电影都有一种魔力，比如：《天生好手》(*The Natural*)、《走出非洲》(*Out of Africa*)、《黑狱风云》(*Brubaker*)、《桃色交易》(*Indecent Proposal*)，等等。现在，他已经 80 多岁了，但在观众心中依然魅力无限。

我有个朋友参与筹办圣丹斯电影节（Sundance Film Festival）。他想帮助那些崭露头角的电影制片人，让他们和自己一样梦想成真。他有梦想，有激情，渴望与人分享。

最近，我看了尼克·加利斯（Nikos Galis）在入选奈史密斯篮球名人纪念堂时的访谈。所谓贵人少言，毕竟，他也没必要说那么多话。不论在场上还是场下，他都是传奇人物，堪称欧洲有史以来最好的篮球运动员。他穿着雪白的西装外套，打着黑色领结，走上演讲台，做了令人难忘的3分钟发言。他说有一次，在塞萨洛尼基市的大街上，他遇到了一位女士。他开始以为她是来要签名的，没想到女士给了他一个拥抱，感谢他救了自己的儿子。因为在希腊队赢得欧洲男子篮球锦标赛冠军之前，她儿子一直是个瘾君子，而在加利斯的鼓舞之下，他戒了毒，还立志成为和他一样优秀的篮球运动员。加利斯说，身为一名运动员，这是他能为社会做出的最大贡献。他谦虚的态度赢得了台下经久不息的掌声。

接着，我又想到了另一位传奇篮球明星——扬尼斯·阿德托昆博（Giannis Antetokounmpo）。他刚刚签下了1亿美元的合约。尽管备受媒体关注，但他初心不改，依然坚持每天训练，在球场上和球场下教人打篮球。当美国总统都提到了你，而你依然保持谦逊，不忘从小的志向，那么你无疑是伟大的人。

伟大的人懂得坚持自我，不断前行，即使没人要求他们这样做，也没人逼他们定下如此之高的目标。他们不断攀登高峰，而不是躺在过去的荣誉之上吃老本。他们乐于分享，期待改变世界，让世界更美好。他们做这些不是为钱。虽然他们也赚到了钱，但这不是他们的初衷。

最近，我参加了一个研讨会。会上，演讲者播放了一段录像，是在非洲的一个厕所里拍的，那里的清洁工堪称是真正的伟人。演讲者刚一走进厕所，清洁工就热情地和他打招呼："欢迎光临我的办公室！这里每天都会来很多人，我希望他们离开时要比他们进来时更开心。这是我的责任。所以，我要尽力把工作做到最好，连瓷砖缝隙都会认真擦拭。我热爱我的工作。"他面带微笑，内心充满了自豪，就连眼睛都在笑。视频的最后，我的内心也充满了感激，感激有这样的人存在。

人并不是生而伟大的。
你需要慢慢变伟大。
重要的不是你做了什么，
而是你怎么做。

那个优秀的厕所清洁工就是榜样。

84
蛾子

蛾子色彩斑斓，弱小而精致。刚开始我并没有看清，可它就停在浴室的窗户上，雪白的一只。有人管蛾子叫"夜晚的蝴蝶"，它们在晚上往往比白天还要好看。

宇宙间不存在孤立的行为，每个行为都会产生影响，不论是积极的还是消极的。最重要的是，它会对你的内心产生作用。

比如，你租了一间公寓。你平日里对公寓的维护和搬走时公寓的样子会让你得到一个加号或减号。你搬走时，假如公寓很干净，没有物品损坏，你就会得到一个加号。假如公寓里到处脏乱差，你就会得到一个减号。加号积累起来，会让你的资产增加。减号积累起来，会让你的资产减少。有时，你或许会思考：我的人生该何去何从？

为什么我会失败？谁偷走了我的人生？此时，不妨回忆一下，你搬出公寓时，里面是什么样的。

你乱扔垃圾，自私自利，搁置梦想，浪费生命，自暴自弃，不思进取，逐渐武断，沉迷网络、酒精、赌博或电视。这些，全都增加了你的负债。

你对人说好话，坚持读书，与人交流，不断进步，变得有勇气，走出舒适区，锻炼身体，健康饮食，帮助他人，有团队精神，思想健康，爱笑，相信自己，把吃不完的食物分给流浪汉，用喝不完的水浇灌花草。这些全都会增加你的资产。

当你这样做时，你可以立刻感觉到资产在增加。负债的增加也是同样的道理，不需要等你坐下来查看账户时才知道。你甚至不需要在每天结束时查账。在算账之前，你心里早就已经有数了。

你闯了红灯，紧接着四下查看，看到交警并没有发现你时，心中不由得一阵窃喜。诸如此类。你知道自己闯了红灯，这就够了。你已经给你的个人资产、自我价值和自尊积累了一个减号。

别为他人活。
要为自己活。

早上我洗澡时，一只蛾子飞进了水里，我不小心把它弄湿了。我担心极了，用纸巾把它擦干，又给它拿了一小块糖，尽我所能去救它。我得到了一个加号！最终，蛾子活过来了。

这可不是件小事儿。宇宙中如果少了一只蛾子，会产生多大影响呢？

在我看来，一定会有影响。

85
装修队

2005年时我们搬进了新办公室。我的建筑师朋友把这里装修得很好。办公室在写字楼的二楼,一楼暂时是闲置的。

"你最好祈祷一楼没人租。装修的声音特别吵,会让你发疯的。"他对我说道。

"已经租出去了。装修会在两个月内开始。"我说道。

他回了一句"啊哦!"。我刚知道这个消息时也是这个反应。

"别急,米索斯。先看看这个人怎么样,或许他并没那么糟糕。"我说道。

"不可能的。一开始就要跟他们立规矩。装修队不可能不产生噪声,一定要让他们先装好隔音层再开始装修。"

"别急,米索斯。让我先和他谈谈。"

"这事儿你得听我的。我太了解这些人了,根本没必要谈,你必须让他们知道到底谁说了算。"

我还没来得及下楼,楼下的工头就先上来找我了。他名叫克斯塔斯,满脸笑容,看上去是个诚实、努力的人。他从面包店买了些甜甜圈送给我们,欢迎我们搬到这里。

我们聊了起来,一见面就亲切地直呼对方的名字。我把朋友的担心说给他听了。

"别担心,斯特凡诺斯!一楼没有任何大工程,主要的装修任务都在地下室。所以你这儿应该不会有噪音问题。如果有的话,你就告诉我。"

朋友的话依旧在我脑子里回响,可我并没有理会。

一年后,我和克斯塔斯已经很熟了。他是我认识的人中人品最好的一个。办公室的人都愿意把车停到他的车库里:他价格公道,服务一流。现在,比起朋友,他更像是我的兄长。

凡事千万别想当然,不要去听脑子里喋喋不休的评价。每次情况都是不一样的,是独一无二的。你自以为知道时往往会被证明是错的。

别想当然。
过好生活。

走出自己的牢笼,去发现身边的美好、爱和人性。自由生活,提升格局,一切都会变得清晰明朗。

一次,有个人在机场的候机室里看报纸。一个女人坐到了他的身边。他身边摆着一盒饼干。突然,女人问都没问他,就伸手拿了一块饼干吃。男人瞟了女人一眼,没说什么。过了一会儿,女人又拿了一块。他依旧没有说话,但心里已经开始生气了。就这样,男人拿一块,女人也跟着拿一块,气得他面色铁青。最后,盒子里只剩下一块饼干了。女人居然有脸问他:"你想吃最后一块饼干吗?如果你不吃的话,我就吃了。"男人抓起饼干盒,狠狠跺了一脚,气呼呼地走了。登机后,他坐在座位上,想从包里拿本书读一读,冷静一下。谁知他打开包却发现,自己那盒饼干就在包里,还没拆封!原来,他一直在吃那个女人的饼干,而她什么都没说,还让他拿走了最后一块。

　　别想当然,否则你会让自己变成一个傻子。

86
永不放弃

每个人都有自己的问题，这是生活的一部分。人一辈子只要活着，就一定会遇到问题。关键是，遇到问题时，你如何解决。

有些人遇到问题，什么都不做，只管往好的方面想，以为时间长了，问题就没有了。可问题并不会凭空消失，乐观并不能帮你心想事成。相反，迎接你的，必将是失望。乐观地期待只不过是解决问题的基础，它无法替代解决问题的行动。你虽然得到了一个很高的基础分，可在行动的部分却不及格。其结果就是，因失望而抑郁，因抑郁而生病。

而有些人在拼了命地解决自己的问题。他们的生活就像在健身房中连续几个小时挥汗如雨。他们疯狂地做引体向上，可健身器材的拉杆却丝毫不弯。越是不弯，他们练得就越狠。对他们而言，生活是一次永远不会结束的健身。

剩下的人早就放弃了。他们任由轮船撞上礁石，任由自己的问题堆积成山，就像地上的脏衣服，越堆越多。对他们来说，生活是个黑暗的死胡同，充满了愤怒，一成不变。我有个朋友就属于这一种。有一次，我对他说："我们去参加一个自我提升研讨会吧。"

"我宁愿死，也不去那种活动。"他一听就拒绝了。那好吧，你的事你自己做主。

还有些人看得更远一些。他们从不纸上谈兵，而是不断尝试，不断创造，精益求精。他们不怕犯错。假如砖头砌歪了，他们就拿起来重砌。这又不是世界末日，水泥干了才是世界末日。他们也会去健身房，但不会过度健身，每天半小时就够了。这些人热爱生活，生活也爱他们。

不论你属于以上哪一类，你都像保险柜一样，拥有属于自己的密码。有的保险柜密码可能是3位数，有的是4位，有的是14位。每当你拨对了号码，转轮的凹口就会对齐。在你因找到一个号码而欢欣鼓舞时，会立刻去寻找下一个。而你找得越多，找到的也就越多。

有两粒种子被埋进了土里。"我要长高。"其中一粒种子说，"我要破土而出，我会成功的！"接着，这粒种子开始不断努力。它遇到的石头和树枝挡住了它的路，可它坚持不懈，乐观而勇敢。最后，它终于成功了。

"我还要向上用力多久？"另一粒种子抱怨道。"这些石头和树枝老是挡我的路，没完没了！这些东西会一直挡住我吗？"它喃喃自语，漫不经心地向上爬着。结果，它越来越累。"受不了了！"它放弃了，就在距离成功破土、见到太阳只有一步之遥的地方。

永不放弃。

其实，当你再用力顶开一块小石头时，就能破土而出，见到阳光了。

87
天道酬勤

9月,我在爱琴海的阿莫尔戈斯岛(Amorgos)度假。从清澈的海水中回到海滩,我看到了远处圣乔治瓦尔萨米提斯修道院的牌子。直觉告诉我,我应该去那儿看看。

乍一看,这座修道院布局紧凑,一尘不染,就像一个漂亮的娃娃屋。在表达了我的敬意之后,修女们邀请我来到一间小接待室,端来了一大杯冰水和一些土耳其糖果。我看到墙上挂着一组精美的画,便问是谁画的。修女们说,是院长艾琳画的,她现在就在外面浇花。我迫不及待地想见到她。

院长艾琳年纪不大,眼神里满是对生活的热爱,充满活力,乐天达观。她告诉我,6年前,她抛下了一切,从雅典搬到了这座小岛。因为她第一眼看到这家修道院时,就爱上了这里。当时,这座修道院被木板封起来了,已经关闭了300年。是艾琳让它重见天日,变成了人间天堂。她在这里种了30棵树,还养了20多只猫,为它们全都做了绝育,还打了疫苗。她是个说干就干的女人,天刚亮就撸起袖子不停干活,直到晚上睡觉才歇口气。一整天,她都在细心照料修道院的一切。她开朗活泼,充满活力,是我们真正的学习榜样。

可见,有些人做事总是全力以赴。这些人注定会成功,不论他们身在希腊、美国、撒哈拉,还是月球。他们必然会成功,就像每天的太阳必然会升起一样。

他们并没有什么指路的星星,而是走自己的路,一直走下去,带着永不停歇的渴望。早上一起床,他们就迫不及待地开始工作,无论是去办公室上班还是自己当老板。他们的新想法层出不穷,由内而外带着股闯劲儿,渴望与人分享。你要求他们做到10分,他们会做到100分,你要求100分,他们会做到1000分。当他们给别人带来快乐时,他们自己会更快乐。

他可能是来接你的司机,面带微笑迎接你,

还给你准备了一瓶冰水；他可能是一个公务员，挣着微薄的工资，却像挣大钱的人那样努力工作；他可能是一个废品回收员，将捡来的纸箱叠得整整齐齐，甚至叠出了艺术感。大多数人不明白的是，他们这样做不是为了赢得他人的赞扬，也不是为了赚钱，而是为了自己。这是他们的氧气。没有氧气，他们就活不下去。

你能做自己的英雄，何苦还要去寻找英雄？

追求自己的梦想，全力以赴。就像修道院院长艾琳那样。

88
分享

他是我的好朋友。我们认识时间不算长，还不到 10 年，但我们已经处得跟兄弟一样了。有一段时间，他老是向我抱怨后背疼痛。因为我自己全年都会游泳，所以也劝他游泳。后来，他终于被我说服了。

有一天，他给我打了电话，还没开口就笑出声来："兄弟，你知道吗？我的背不疼了！现在，连我老婆都开始游泳了，她也爱上了游泳。我们经常一起游。"我听完高兴极了。

我当年也是听人劝告才开始全年游泳的，这个习惯也改变了我的生活。

今天晨跑时，我遇到了 10 个跑步的人。我照例主动向他们打招呼，看他们会如何回应。这是件很有趣的事情。有个人将信将疑地看着我，跑了很远才敢回应我。有个女人大老远就开始大声向我问好。前几天，我和另一个跑步的人开玩笑，因为他的钥匙在口袋里叮当作响。今天他示意我，钥匙不在身上，在车里。还有个女人先上下打量了我一番，然后浅浅一笑。

有些跑步的人笑得很优雅，就像在和女王喝茶；有些人则会高声大笑，仿佛把今天当作生命中的最后一天。有些人会结伴跑步，这样我可以同时听到双倍的笑声。还有个人——我猜他是个英国人——微笑中带着矜持。有个爱开玩笑的，每天都会径直冲着我跑过来，直到最后一刻才突然转向。有一次，我们真的差点儿就撞上了。各种各样的微笑和早安，就像我人生中的彩虹，绚烂无比。

哪怕只有一个人对你说，你改变了他的人生，你这辈子都值了。

分享是一种神奇的体验。任何事都可以分享：一本有趣的书，一个好习惯，一句好话，一声早安，一个微笑。当别人需要时，分担他们的痛苦；

当别人幸福时，分享他们的喜悦。抱抱他们，拍拍他们的背，握握他们的手，都是我们活着的意义。美国作家兼演说家金克拉（Zig Ziglar）曾说过："如果你能帮助足够多的人实现他们的愿望，那么你的所有人生愿望也将实现。"他是真正的行家。

几年前，一位在 IT 领域举足轻重的演讲家来到了希腊。他也是个习惯早起的人，天还没亮，就去雅典的奥林匹克体育场跑步了。他告诉我们，看到日出时，他觉得自己被眼前的美景迷住了，"唯一美中不足的就是，当时我是一个人，连个分享的人都没有。多希望我妻子能够陪在我身边。"我记得他说这句话时，眼里泛着泪光。

89
心无旁骛

我开车去接一个女性朋友,一起出门办事。不过,我们首先要去见一个共同的朋友,去他的办公室拿份文件。她和那个朋友已经很久没见了。两人都非常想念对方。

即将到达目的地时,她的手机突然响了。她立刻开始翻她的包,好不容易找到了手机,可还没等她按下绿色接听键,对方就挂断了。她皱着眉头回拨过去,可是对方占线。很显然,对方还在给她拨。她挂断了电话。等了几秒钟,她收到了一条手机短信,提示她有未接来电。又过了几秒钟,她再次拨打对方的电话,巧的是,对方又在打给她,继续占线。不一会儿,又来了一条短信提醒。

这时,我们已经到了朋友的办公室。他迎了

出来，给我们俩一人一个温暖的拥抱，大家一起聊了起来。正聊着时，她的手机又响了。她又开始翻包找手机，好在这次顺利接通了。我和朋友在一旁等她，她没说两句就挂了，可之前我们的聊天已经被打断了。等想起刚才的话头，我们又该走了，只得互相道别。她的这番操作可谓完败，让我忍俊不禁。

我们的手机上有一个很好的功能，叫"静音模式"，非常有用。要是她在手机第一次响起时开启静音模式，一切都会有条不紊地进行，她可以先和老朋友好好叙旧，然后再回拨电话。可惜，她并没有这么做，而是自己在气球上戳了个洞，结果就再也吹不起来了。我们常常这样，其结果就是，大事小事都耽误，统统错过。

我们还没学会如何保护自己的专注力和精力。

世界上伟大的人都会尽量保护好这两点。

我最好的朋友喜欢深海潜水。他可以潜得很深，像鳗鱼一样平稳前行。他从不做不必要的动作，这样可以更好地保持专注力，从而保存体力，更久地憋气。他在深海潜水时，其他的一切于他而言都不存在。

于我而言，这是唯一的生存方法。

心无旁骛。

90
葬身大海

我正在等两个好朋友一起吃饭。我们仨有许多不同点：不同的性格、不同的职业、不同的世界观。但我们也有不少相同点：我们总是有相同的感受，就像音乐家所说的"和声"。这一点非常重要。

我们一起聊着天，今晚的话题是运气：那些成功人士仅仅是因为运气好，还是拥有自己的秘诀？运气真的存在吗？人可以创造运气吗？如果能，是不是只有少数人才具备这个能力？当你的人生跌入谷底时，当你的孩子忍饥挨饿时，这一切是否都毫无意义？

我们的观点分成了两派。其中两个人在高谈阔论，另一个边听边反对，大家各抒己见。这是最好的聊天方式，我们聊得热火朝天。

我们说了很多，简言之就是：

运气不是天生的。
努力的人，才能为自己创造运气。

人生必然会经历苦难，这是不可避免的。但苦难无法阻止你获得成功。其中的秘诀是什么？永不放弃。如果你摔倒了7次，那就站起来8次。耳根子千万别软。别听信那些"不要"和"不行"。坚持下去。许多伟人都不去理会反对的声音，比如托马斯·爱迪生、玛丽·居里、华特·迪士尼、罗莎·帕克斯、阿尔伯特·爱因斯坦、马拉拉·优素福·扎伊、史蒂夫·乔布斯，等等。

不过，不管你想不想听，都有一大堆关于成功的法则。有时，光是想一想就头大。他们说，你需要练1万个小时，才能把一件事做到特别好。如果你一天练3个小时，那么成为大师需要花10年时间。将失败归咎于糟糕的父母比通过努力获得成功更容易。假设你想改变一个习惯，比如早起、健身或阅读，你至少需要连续坚持66天，才能让身体逐渐适应,养成习惯。这并不容易。多数人第二天就打退堂鼓了。

人需要冒险,否则,一辈子就这样了。反正你也没什么可损失的。如果尝试了但没有结果,你仍然是赢家,因为你有了长进。拥抱自己的错误,别怕犯错,因为犯错本就是人生经历的一部分。

我们的谈话以希腊作家尼科斯·卡赞扎基斯(Nikos Kazantzakis)的一句话作为结尾。他在小说《上帝的救世主》(*The Saviours of God*)中写道:"我们的身体是汪洋上的一艘小船。何处是归处?不过是葬身大海罢了!"

91
海边的清晨

今天早上,我和往常一样起得很早。我没心情跑步,可我答应过自己要天天坚持晨跑。想偷懒很容易,毕竟我是独自跑步。但我知道,能把小事干好的人,才能干大事。

我打算沿着海滨跑 8 千米。跑到 6 千米时,我已经不想跑了。此时停下也没人知道,但我不想这样做。因为我想言出必行,信守自己对自己的承诺。最终,我不仅跑完了计划的 8 千米,还多跑了 500 米。信守承诺的感觉真好。

途中有一段路正在维修,噪声巨大,尘土飞扬。这多少让我有些不爽,我很可能在糟糕的心情中结束今天的晨跑。出门去海边跑步,结果却吃了一路的土!可我没有这样想,而是将注意力放在大海、阳光和新鲜空气上。如果让这 100 米毁掉了剩下7900米的好心情，岂不是得不偿失？我可不允许这样的事情发生。快乐的关键就在于你选择关注什么。

跑步的时候，我遇到了一个很有趣的中年男人，当时他正在快走，我向他道了句"早安"，因为我知道沟通的重要性，我也知道一句"早安"就足以让我开心一整天。事实也的确如此。他也回应了我一句响亮而清晰的"早安"，还有发自内心的微笑，让我非常开心。

我跑步时还在听《经济学人》的音频。我总是会趁着跑步听一些天下大事，一举两得。对我而言，坚持学习、不断进步是非常重要的。我每天都坚持这么做。

我终于跑到了海滩，可在准备跳水时，却迟疑了。虽然天气晴朗，但时值隆冬，海水依旧寒冷。我犹豫了一会儿，最终还是纵身一跃，跳进了海里。虽然头几秒很难受，但跳水能让我的身体在今天剩下的时间里更舒服，让我活力满满。我们常常会选择容易的路，避免不舒适的感觉，但这并不意味着容易的路就是正确或最好的路。就达成我们的梦想而言，选择不同的路，效果也会截然不同。

　　以前，我并不知道这些。不论在学校，还是在家里，从没有人教过我这一点。成年后，我也是在参与了多项长期而复杂的项目之后，才有了这种领悟，进而改变了自己的生活。小时候，我总是觉得自己欠缺什么，总是等待着别人选我，而自己从不知道去主动选择。我心里总是想问"为什么"。为什么生活对我如此不公？为什么我老是记着不开心的事？

　　那些年我过得很痛苦，可我自己却并没有意识到痛苦，因为痛苦和我已经融为一体了。最终，我找到了出路，改变了人生。我的生活并非总是一帆风顺，我也常常实现不了自己的目标。但即便我跌倒了，也还会爬起来，拍拍身上的灰尘，从失败中汲取教训，再重新开始。夜里，我照着镜子。我知道镜子里的那个人是自己的朋友，而不是敌人。有句老话说得好："每个问题都是一份礼物。"但是，大多数人还没等打开就先扔掉了，而我学会了打开生活的礼物。有一句话我很喜欢：

> 别指望问题越来越少。
> 多学点本事吧。

这话说得很在理。

92
神奇的眼镜

旧太阳镜散架了,我决定买一副新的。我想买同款,可那款已经不再生产了。虽然我在买眼镜的问题上相对保守,验光师还是说服了我,让我试戴了一些新款偏光镜。"这款眼镜很神奇!"他笑着向我推荐。戴上之后,我走出眼镜店,想试试眼镜的效果。不夸张地说,我真的看得比以前清楚多了。

女儿们一整个周末都出去玩了,今天我去机场接她们。我想早点去,这样就有更多时间来观察人群了。周日晚上,接机的地方很拥挤。有些人是在接客户,西装革履,手里举着A4纸的牌子,上面用马克笔写着人名。我前面有两个小女孩,金色的头发,和我一样。我猜她俩是双胞胎,因为她们穿的衣服一模一样。她们踩在隔离护栏上,半个身子悬在外面,玩得正欢,时不时还会"不小心"踩到对方,相互打闹几下,然后接着玩。再往前一点站着两个人,开心地等待着,每人手里都拿着一朵花。

入境口走出来的人形形色色:有黑人,也有白人;有本地人,也有外国人;有年轻人,也有老年人;有只身一人的,也有成双成对的;有无忧无虑的,也有神色紧张的;有面带微笑的,也有愁眉不展的。有个人看上去像个脾气不好的蓝精灵,还有个人刚通过自动旋转门就想折返回去,保安看了立刻紧张起来,将他带到一旁,用不太流利的英文向他解释相关规定,他好一会儿才平复了心情。就在这时,"双胞胎"的母亲走了出来,两个孩子飞奔到她的怀里。她弯下身,和孩子们抱在了一起。"哇噢。"我身旁的一个女人不禁叫了起来,我与她相视一笑。接着出来了一对夫妻,是那两个拿着花的人在等的人。其实,还有两个人也在等他们:一个拿着写有他们名字的卡片,另一个在拍摄整个现场情况。前面的两个人将手里的花送给了这对夫妻,玫瑰花上夹着印有希腊国旗图案的心形卡片。大家开心地笑了。

不一会儿，六个人便抱成了一团。

接下来，轮到我了。女儿们手里拿着巨大的纸飞机，向我飞奔而来。现在该轮到我们拥抱了。三天没见她们，我觉得仿佛过了一个世纪。她们好像又长高了，变漂亮了。我们仨抱在一起，舍不得分开。小女儿最先松开手，要我把她扛到肩膀上。"你休想！"我边说边向她眨眼，然后一把将她举过肩头。她照例抓住我的耳朵，就像骑马时抓着缰绳一样，掌控着我们的方向。

买到这副神奇的眼镜，我真的很开心。

它让我看到了以前从未看过的东西。

93
两个自己

每个人其实都有两个自己，我也是花了很多年才明白这个道理的。正因为我明白了这个道理，我的生活才彻底改变了。

这个故事我早就该讲，却一拖再拖。好在我的好朋友克里斯蒂娜提醒了我。几天前，她给我打了电话。我们经常聊天，聊彼此，聊孩子，聊人生，无话不谈。

"知道我为什么给你打电话吗？"她问我。

"为什么？"

"我很开心，真的很开心。我打电话就是为了告诉你，我知道你会懂我。斯特凡诺斯，我终于学会了为另一个'自己'付出。每天早上，我会带另一个自己去散步，就像我承诺的那样。清早起床，先给自己充电半小时，够用一整天。还有，我对自己承诺，每周都要去一个漂亮的海滩，就坐在那儿，望着碧海蓝天发很长时间的呆，感受沁人心脾的蓝色。我现在懂得照顾自己了，这种快乐无以言表。我和另一个自己终于合二为一了。照镜子时，我会对着镜子里的自己微笑。在我理顺了和自己的关系后，我与丈夫孩子的关系也有了改善。这真的太棒了！"

听了她的话，我笑得合不拢嘴，平复着我的呼吸，不想错过她说的任何一个字。

"我要继续这样做，每天为另一个自己付出。我现在才明白，我有多珍贵。不论我为另一个自己付出多少，她都会如数报答我。"

你也有另一个自己。我花了数年时间才明白这个道理，虽然别人也曾这样告诉我，但我当时却不信。当你的另一个自己闹情绪时，就算你不抱怨，也会躁动不安。当另一个自己开心时，虽然不会对你说，你却仿佛爱上了所有人，如沐春风，滴酒未沾，却已沉醉。

你的人生就是处理好你和另一个自己的关系。这种关系往往是最容易被忽视的。我们经常不好好照顾自己，说自己坏话，不信任自己，有时甚至还否定自己。

试想一下,你最重要的另一半就是你自己。假如你整天就知道和他唠唠叨叨,那你们的关系会变成什么样?你早该被打发走了。你的另一个自己也会有这种感觉,只是不至于将你扫地出门而已。你们彼此纠缠。你将自己撕成了碎片,而你可怜的另一个自己却无法告诉你,只能暗自神伤。其实,他只想从你身上得到一样东西。

那就是"爱"。

和自己好好说话,对他微笑,让他吃好,每晚保证8小时睡眠,给他买书,带他散步,陪他一起走,一起锻炼,听他倾诉。他有太多事情想要告诉你,可每次刚想开口,你就转身去看电视或浏览社交媒体,吵吵闹闹的,让他好不伤心。

像爱孩子那样,去爱另一个自己。

把他拥入怀中,抱紧点。陪着他哭,或许,他正想好好大哭一场。

这没什么难为情的,这是救赎。

你有两个自己。

记住这一点,你的人生将会改变。

我的意思是,你和另一个自己的人生都将改变。

94
一通电话

我和她很久都没有联系了,看见她的名字出现在手机上,我真的很惊喜。

"嘿!你好吗?"我接起电话问候道。

"我还是老样子,而你,你可真走运!"

如果还有什么事情能惹恼我,那就是人们相信成功是凭运气的。

"我不是走运,我是自己创造了运气,我付出了很多。"我对她说。

"那肯定的,好吧,可运气总是站在你这边。"

我们继续聊了几句,便挂断了电话。我坐在原地,思考着刚才的对话。

我没有告诉她,为了生活规律,我每天早上5点就起床了。

我没有告诉她,我会先去海边晨跑半小时,

然后趁着日出在大海里游泳，而且天天坚持，年年如此。

我没有告诉她，我每周都读一本书。

我没有告诉她，我每天都在网上看励志演讲。

我没有告诉她，我从2001年起就不看电视了。

我没有告诉她，有多少个周末我因为要参加研讨会，而无法陪在孩子身边。

我没有告诉她，为了听全球最好的励志演说家的演讲，我自费出了多少趟国。

我没有告诉她，这么多年，为了更了解自己，管理好自己的情绪，我一直在接受治疗。

我没有告诉她，为了让我的梦想成真，我面向希腊全国的教育工作者进行过多少次宣讲。

我没有告诉她，为了保持身材，我在多么严格地控制饮食。

我没有告诉她，这些年我写满了多少个奇迹笔记本。

我没有告诉她，我是在与多少朋友和陌生人聊天之后才有了今天的思想。

我没有告诉她，我花了多少时间去思考自己的目标。

我没有告诉她，我花了多少个日夜做呼吸训练和冥想。

我没有告诉她，在我疲惫时，我多少次在镜子前面自我肯定。

我没有告诉她，我会继续坚持做所有的这些事，直到我生命的最后一天。

我没有告诉她的事还有很多很多。

或许，只有对我而言，这些事情才是重要的。

你的梦想是什么并不重要，重要的是，你希望梦想成真的心情有多迫切。

当轮到你解释如何成功、如何坚持时，别告诉人们，这一路走来你都付出了什么。

只需告诉他们，这不是运气的问题。

你实实在在为之努力过。

95
慢慢来

多年来，他一直是我的牙医，而且，我们的小孩也在同一所小学读书。一天，我正在开车，他突然打电话找我。我回拨过去，他的助理接听了电话。

"你好，我找尼克斯。"

助理帮我转接了电话。

"嘿，斯特凡诺斯！我刚才给你打了电话，我听说罗宾·夏玛下周会去伦敦。"夏玛是我非常喜欢的作家之一，尼克斯知道我对他有多痴迷。

"你不是在开玩笑吧，尼克斯！"我又激动，又期待。他答应会给我发一封邮件，告诉我详细情况，我也答应他，把上次参加夏玛研讨会的笔记发给他。之后，我们约好了下次散步的时间，便结束了通话。

我喜欢在雅典遇上堵车。这让我有了独处的时间，能够给好朋友打打电话，在繁忙的工作间隙联络一下感情。

我给好朋友埃莱尼打了电话。我最喜欢逗她，因为她太好骗了。

一开始，她没听出我的声音，便问道："你是谁？"

"我是大作家。"我们俩都笑了，聊得很愉快，相互开着玩笑。"有人得先去干活了。"在谈话的尾声，她咯咯笑着说。我们约好下周六见面。

挂了电话，我继续听我最喜欢的演说家演讲，心情瞬间起飞。不一会儿，我开到了拥挤的潘格拉蒂区（Pangrati）。我要去主街的银行签一些文件。我停好车，在售货亭买了一瓶冰水，然后走进银行。

帮我办理业务的柜员很能干，也很有礼貌。我坐下来，把身份证递给她，开始签文件。不到两分钟，她就告诉我："先生，您的业务办完了。"

"这就办完了？"我感到惊喜。

"是的。"她笑着回答。

多年来，我一直以轻松的态度对待生活。但这并不是说，我要过轻松的生活，而是对生活中的一切我都会轻松接受。我喜欢对别人敞开心扉，我喜欢冒险，就算海再深、浪再大我也不怕。现在的我喜欢在未知水域游泳，但我从不强迫自己。我会慢慢来。许多人认为，生活就是逆流而上。曾经，我也这样以为。但后来，我决定放弃这个想法，随遇而安。这样，一切问题就迎刃而解了。我向生活微笑，生活也向我微笑。我拥抱生活，生活也拥抱我。归根结底，所有的事情都像镜子一样，是相互的。

一个微笑的陌生人站在安全出口，打开玻璃门等着我。"一起吗？"他问我。

"好的！"我笑着回答，"我们俩能并排走吗？"门显然够宽，我却明知故问。

"当然没问题！"他笑了起来。

"保重！"我向他道别。

"你也保重！"

我坐进车里，一边继续听我最爱的演说家演讲，一边开着车。

我的心情又飞上了天。

非常轻松愉快。

96
全力以赴

有一次，我参加导师的研讨会，听到了这样一个故事。

古希腊时期，有一天，柏拉图和苏格拉底一起走在露天广场上。柏拉图向苏格拉底请教："老师，请问我怎样才能实现人生追求？"

苏格拉底没有理他，继续向前走。柏拉图又问了一遍，苏格拉底还是没有回答。他们来到了一个喷泉边。突然间，苏格拉底抓住柏拉图，将他的头按进水池里。柏拉图吃了一惊，试图挣脱，可苏格拉底牢牢地将他的头按在水下，直到他快憋不住了，才放他起来。

"你疯了吗，老师？我问你如何才能实现人生追求，你却要淹死我？"

"如果你想实现人生追求的心情和刚才你想呼

吸一样迫切,那你就能实现了。"充满智慧的苏格拉底对柏拉图说。

你必须全力以赴。

我们经常出于各种原因,在实现追求的过程中半途而废。

我们想要的是结果,而不是到达终点前的艰辛付出。我们对那些功成名就的好莱坞明星心存敬意,因为他们为自己的梦想付出了一切,甚至把梦想看得比生命还重要,不论遇到什么样的阻碍,他们都不会停止尝试。而我们想做煎蛋卷时,却连一个鸡蛋都不想打。

有这样一个真实的故事。苹果公司的创始人史蒂夫·乔布斯18岁时,出去找工作。他来到了当时处于鼎盛时期的雅达利公司,对前台说他要见公司总裁。

"请问你有预约吗?"

"没有。"

"那你不能见他。"

"见不到他,我是不会走的,除非你把我抬出去。"乔布斯的眼中闪烁着光芒,这种光芒,前台从未见过,于是,她给总裁秘书打了电话。

"我这里有个人好像疯了,坚持要见总裁,人看上去很聪明。如果总裁有5分钟时间,不妨见见他。"不一会儿,总裁就见了乔布斯,可想而知,他雇用了乔布斯。乔布斯那天去雅达利公司就是想找一份工作。他下定了决心,没有备选方案。这就是全力以赴去做一件事。

当人们说"试试看""但愿能行""希望如此"时,千万别当真,他们成不了的。当人们说"我会不顾一切""成败事关生死"时,他们才会成功。用温水煮不熟鸡蛋,必须用开水才行。你渴望梦想成真的心情也必须每天都像开水那样沸腾。当然,你自己也得加把劲儿。

这样,你才能实现自己的人生追求。

我女儿也懂这个道理。我给她们讲了乔布斯的故事,然后问道:"现在你们明白什么叫全力以赴了吗?"

"是的,明白了!明白了!"小女儿答道。

"那你说说。"

"全力以赴就是向自己保证永不放弃。"

你说得对,亲爱的!

97
犯错

人人都会犯错。我会，你会，所有人都会。

乍一听，你可能会觉得奇怪。但如果反过来想，每次犯错都是一次进步，可能就更好理解了。我们曾经以为天圆地方，后来被证明是错的。我们曾经以为地球是不动的，结果地球是转动的。今天，我们依然相信很多事情。你可能会很肯定，有时甚至会固执地坚信自己是对的。但是，今天的你并不知道明天的你会知道什么，学到什么，发生什么。今天，你不知道自己的无知，但明天你将获得更多知识、经验和启迪。今天的你比昨天的你正确，明天的你会比今天的你正确，后天的你会比明天的你正确。这么看的话，犯错还是坏事吗？

当有人对你说"你错了"时，其实是送给了

你一份大礼。因此，不应该轻视他们，而应该把他们的话听进去。抛开旧的思维定式，为新思想腾出空间，让它照亮你，温暖你，解放你，帮助你走得更远。

我有个朋友，她姐姐结婚时，她很生气，因为她觉得姐夫不是什么好人。我们其他人都觉得新郎人不错，对她姐姐一心一意，只想给她幸福。事实上，他也做到了。我那个朋友花了很多年时间才明白当初自己错了。她曾经也想证明自己是对的，这是人之常情，但最终，她还是为姐姐感到高兴，比谁都高兴。我还有一个朋友，他总是不停地抱怨当前的政局，抱怨自己的处境及工作，抱怨一切的一切！我曾经给过他一些建议，但根本没用。后来我才明白：他根本不需要建议，他只想证明自己是对的。他的问题其实是他的游戏，他叫我来，是为了陪他一起玩游戏，而不是一起解决问题。

总想证明自己是对的，一开始会让你感觉良好，类似获得了某种快感。

但长此以往，代价也十分沉重。

小时候，大人教我们要做正确的事，提出合

理的观点，捍卫并相信它。大人还教导我们，犯错是不好的。可他们没教会我们倾听，没教会我们要想变强大就得反思和不断学习。

我的导师问我：

你想成为一直正确的人，
还是一直快乐的人？

你说呢？

98
只有爱

早点睡觉。你的一天，从头天晚上开始。

睡觉之前，用纸笔写下第二天的计划，别随心所欲过日子。日复一日，年复一年。你只活一次，尊重自己的人生。

早点起床。天不亮就起，就算你还想继续睡也不可以。

学会和自己的思想做斗争，确保你做的事情都是自己想做的。

每天至少在家附近锻炼20分钟，快走或跑步都可以，给自己热热身。

一边锻炼，一边听点演讲，听鼓舞人心的人说鼓舞人心的事儿。

给每位路人一个微笑，主动向他们道声"早安"，不论他们是否回应。

每个人都有自己做事的方式。

留心身边的美好，其实美好无处不在。

给自己做一份可口的早餐。

洗个澡，而后美餐一顿。将所有烦恼抛在脑后。选一套得体的衣服。

对镜子里的自己微笑。对自己说一些鼓励的话。你是你自己最好的朋友。

以饱满的热情面对工作，即便你不喜欢这份工作。如果需要，不妨换个工作，但只要你还在工作岗位上，就要尊重这份工作，就像尊重你自己一样。产出十倍于收入的工作成果，就算收入微薄。记住，你是为你自己才这样做的。

上午加个餐，吃个苹果或香蕉。这并不麻烦。记得多喝水。

深呼吸，让腹腔充满空气，别介意这看起来不太好看。

照顾好自己，把自己当成世界上最重要的人。

每天抽出 15 分钟读书。减少自己在社交媒体上花的时间。不要看电视。不要相信"没时间"

这种谎言，你得自己去找时间，没人能替你代劳。

多思考，多提问。别觉得自己的信仰是不可改变的。

多带自己出门走走，去看看电影，想去哪儿就去哪儿。爱自己，尊重自己。你的人生，就是处理好你和另一个自己的关系。

写点儿东西也很有益处，能够抚慰心灵。

坚持写日记，记录生活中美好的瞬间。每天都有好事发生，我的导师称之为"奇迹"。奇迹无处不在，一定要把它们记下来，别让它们白白溜走。

在笔记本上写下自己的目标，持续更新，定期回顾，适时调整。将它作为你生活的指南针。

花时间与自己相处，别怕，这并不意味着你很孤独。学不会独处，总想去打开电视或收音机，对你并非好事。

与欣赏的人交往，别怕他们，也别嫉妒他们。他们会带你飞得更高，让你成为自己喜欢的那种人，开阔你的眼界。

爱周围的人，但首先要爱自己。只有你属于你自己。别自欺欺人。你独自来到人间，也会独自离去。你的孩子、车子、票子，全都是身外之物。

别去担心别人的想法。倾听他们的意见，但以自己的想法为主。

别说别人的闲话，管好自己的事。你唯一能管的人就是你自己。

多做好事，多帮身边的人，尤其是陌生人。你的家人不是只有你的孩子，人人都是你的家人。这是唯一能让自己快乐的方法。除此之外，别无他法。当别人幸福时，你也应该为他们感到高兴才是。

别相信运气。命运掌握在自己的手里。理解了这一点，你的人生就会改变。

尽情享受生活。想笑，就真心实意地笑。想哭，就痛痛快快地哭。受伤了，就去体味痛苦。

所有的答案都在你心里。降低外界的噪音，屏蔽杂音，你才能听见忠告。当人们说"上帝在你心中"时，就是这个意思。

做事既要用心，也要用脑。至于什么时间该做什么，完全由你决定。就好比一个好厨子，知道该何时加盐、何时加胡椒。

每天进步一点,直到生命的最后一天。闭上眼睛,心怀梦想。

能装进行囊的,只有爱——既有你付出的爱,也有你得到的爱。只有爱才是真的。

只有爱。

出版后记

文 / 刘叶茹

《礼物》开始于一本"奇迹笔记本"。作者斯特凡诺斯·克塞纳基斯曾经是雅典大学经济学的高材生，取得英国曼彻斯特商学院 MBA 后，投身利润丰厚的媒体和广告业。十年前，公司破产，家庭变故，生活给了他重重一击。为了不陷入悲伤，他开始尝试每天记录一个值得感谢的人或事。年复一年，这些由无数"感恩清单"累积而成的笔记本已经多得数不清，而作者的生活也随之发生了奇迹般的变化。

十年后的今天，他已成为被全球追捧的励志演讲者，带着关于自我完善和个人发展课程的工作坊在世界各地巡讲，还独自创立了非政府组织"YES，I CAN"，向青少年儿童传授生活技能和道德价值观的重要性。

"我发现自己有能力去把握机会,直面恐惧,质疑信仰,走出舒适圈;我学会了如何逃脱平淡生活的牢笼,找到岁岁年年、分分秒秒的自由;我学会了如何昂首挺胸,面带笑容,坦诚待人,乐于助人,三思而行,以梦为马,不负光阴;我明白了天下没有免费的午餐,我必须自食其力,日复一日,年复一年。"斯特凡诺斯·克塞纳基斯在笔记本中如是写道。

本书选取的 98 个真实故事全部来自这些笔记本,其中有作者对人的观察、有与家人相处时的顿悟,以及对陌生人的随意善举等。这些点滴,其实也发生在你我的生活里,它们常常被忽略,却具有极强的同情心、深刻性和人文关怀。

与大多数心理自助书要你努力争取的东西不同(以长期梦想的成功为基础,追求永恒的幸福状态),本书的立场是——成功并不意味着实现了远大理想,而是成为一个开明、善良、宽容、有人性的人,即一个好的人。由此,他提出了一个值得深思的问题:我们既然可以通过简单地成为好人获得"成功",为什么还要试图在竞争世界中寻求外界认可呢?

在《礼物》中,斯特凡诺斯分享了人们在日常生活中遇到的种种问题:总是深感孤独,体会不到真正的满足;不愿和制造问题的人面对面探讨,而乐于在社交平台上昭告天下;害怕爱,更害怕表达爱……

同时,他也展示了偏见和先入为主的想法如何在与他人接触时掩盖了本质,提出了寻找生活目的和意义的变革性观点——去做那些所有我们每天为了追寻"成功"而绕过的简单小事:为自己做一顿早餐、专心听他人说话、睡前阅读15分钟、陪伴家人、享受看似无用的乐趣,等等。从早起、慷慨分享,到轻松大笑,他证明了快乐可以在最简单和最意想不到的地方找到。

这本关于自我意识和日常习惯的治愈小书,仅2019年一年就在希腊本国卖出17万册,一举摘得"希腊年度畅销榜单第一""希腊公共图书金奖""希腊特别关注单元图书",版权随即售出30余国,成为风靡全球的"现象级幸福自助读本"。同时,它在美国亚马逊书榜上保持了150周以上的前十位置,《纽约时报》称:在欧洲其他国家,米歇尔·奥巴马的《成为》都在销售榜首,但在希腊,斯特凡诺斯的《礼物》永居第一,无人超越。随后《礼物2》于2020年上市,也立刻一跃畅销榜榜首,成为当年最受关注图书。

乍一听,这本书的题材平凡朴素,讲的都是些生活里微不足道且众所周知的事。然而,一旦你开始阅读,就想要一次又一次地翻开它。它的神奇,就在于那充满睿智和积极的思维方式,将弥漫在全球当下的忧郁和悲观情绪一扫而光。

尤其是作者充满同理心的文字,时时刻刻激发着人性之善,让你不由得对它敞开心扉,产生愉悦,并开始反思自己当下的决定、态度和价值观。它就像在这个日益复杂时代的一剂心灵解药,牵引着人们重新建立与自己和他人的联系,从而学会投入地去爱,并自由地生活。

我们常常为无法控制的事情忧心忡忡,最终搞得自己没有精力去过好自己的生活。在追求梦想的途中,很多人都丢掉了生命给我们的本真礼物,即感恩生活和体会幸福的能力。

你可以并应该拥有"梦想",也可以朝着"优秀"和"成功"努力,但在此之前,做一个有人情味的简单人，或许会让你前方的路越加明朗。

可能你现在没房没车，甚至没有榨汁机；也有可能你的银行户头没有存款，正在想方设法渡过难关。但无论你的处境如何艰难，总有事情值得感激；不管遇到的事情多么糟糕，总可以通过小小的行动、话语、表情来改善情绪。每个人都有获得快乐的权利，只要你愿意以开放的心态与他人接触并庆祝生活——无论是善意地问候你的邻居、没有特殊原因地微笑，还是欣赏此时此刻的风景。有时候，相比"逆流而上"，"随遇而安"会让你活得更精彩。

你可以将《礼物》看成一本轻松愉快的床头小书，在睡前、早起后，或者生活中的任何时刻，随手翻开读一两个小故事，增强对生活的感激之情；也可以将其看作一份值得重温和珍藏一生的礼物，送给朋友、家人，激励他们变得更为乐观；又或许，你已经从它身上得到了某些灵感，正准备开始在你自己的"奇迹笔记本"上，写下值得记录的感恩故事。

"万事万物，其实都是一个整体。只有人才会把它们分成'好事'和'坏事'。晴天和雨天是一体的，生和死、爱和恐惧、高山和大海、平静和风暴，都是一体的。晴天结束了，雨天开始了；夏天结束了，冬天开始了；好日子结束了，苦日子开始了。过去，我只喜欢好事。而现在，不论好坏，我都喜欢。"

每天，都是一份礼物，打开它，别错过。

后浪出版公司

谨以此书献给我的父亲。
他是我的人生导师,也是我的英雄。

图书在版编目（CIP）数据

礼物 /(希)斯特凡诺斯·克塞纳基斯著；张翎译.
北京：北京联合出版公司，2024.10. -- ISBN 978-7
-5596-7763-1

Ⅰ.B821-49
中国国家版本馆CIP数据核字第20247WJ374号

The Gift: A Notebook of Miracles©2018 by Stefanos Xenakis
Book title in Greek : TO ΔΩPO Ένα τετράδιο θαυμάτων
All rights reserved.
Simplified Chinese language edition published in agreement with Ersilia Literary Agency through The Artemis Agency.
Simplified Chinese translation copyright©2024 by GINKGO(Shanghai)Book Co.,Ltd.

本书中文简体版权归属于银杏树下（上海）图书有限责任公司
北京市版权局著作权合同登记　图字：01-2024-3797

礼物

著　　者：[希腊]斯特凡诺斯·克塞纳基斯
译　　者：张　翎
出 品 人：赵红仕
选题策划：银杏树下
出版统筹：吴兴元
编辑统筹：郝明慧
特约编辑：刘叶茹
责任编辑：周　杨
营销推广：ONEBOOK
装帧制造：墨白空间·李国圣

北京联合出版公司出版
（北京市西城区德外大街83号楼9层　100088）
后浪出版咨询（北京）有限责任公司发行
河北中科印刷科技发展有限公司　新华书店经销
字数140千字　720毫米×1000毫米　1/32　10.25印张
2024年10月第1版　2024年10月第1次印刷
ISBN 978-7-5596-7763-1
定价：60.00元

后浪出版咨询(北京)有限责任公司　版权所有，侵权必究
投诉信箱：editor@hinabook.com　fawu@hinabook.com
未经书面许可，不得以任何方式转载、复制、翻印本书部分或全部内容。
本书若有印、装质量问题，请与本公司联系调换，电话010-64072833